U0190149

化学反应过程与设备

左常江　主编

中国海洋大学出版社
·青岛·

图书在版编目(CIP)数据

化学反应过程与设备 / 左常江主编. — 青岛：中国
海洋大学出版社，2020.12(2024.8重印)
ISBN 978-7-5670-2710-7

Ⅰ.①化⋯ Ⅱ.①左⋯ Ⅲ.①化学反应工程化工
设备－高等职业教育－教材 Ⅳ.①TQ051

中国版本图书馆 CIP 数据核字(2020)第 259177 号

化学反应过程与设备

出版发行	中国海洋大学出版社
社 址	青岛市香港东路 23 号 邮政编码 266071
网 址	http://pub.ouc.edu.cn
出 版 人	杨立敏
责任编辑	史 凡
电 话	0532 - 85901984
电子信箱	1547081919@qq.com
印 制	北京虎彩文化传播有限公司
版 次	2020 年 12 月第 1 版
印 次	2024 年 8 月第 6 次印刷
成品尺寸	185 mm×260 mm
印 张	11.5
字 数	220 千
印 数	2661～3380
定 价	58.00 元
订购电话	0532 - 82032573(传真)

发现印装质量问题,请致电 010-84720900,由印刷厂负责调换。

目　录

第一章　绪　论 ……………………………………………………………………… 1

一、化学反应过程与设备的重要性 ………………………………………… 1

二、化学反应过程与设备和其他研究领域的关系 …………………………… 2

三、反应技术的开发过程 ………………………………………………… 3

四、放大程度和开发周期 ………………………………………………… 4

五、反应器的设计 ………………………………………………………… 5

第二章　釜式反应器的操作与控制 …………………………………………… 6

第一节　釜式反应器的应用和分类 ………………………………………… 7

一、釜式反应器在化工生产中的应用 ……………………………………… 7

二、釜式反应器的分类 …………………………………………………… 7

第二节　釜式反应器的结构 ………………………………………………… 11

一、釜式反应器的结构 …………………………………………………… 11

二、釜式反应器的发展趋势 ……………………………………………… 14

第三节　釜式反应器搅拌装置设计与选择 ………………………………… 15

一、搅拌装置设计与选型 ………………………………………………… 15

二、常用搅拌器的型式及性能特征 ……………………………………… 18

三、搅拌器的选型 ………………………………………………………… 19

四、搅拌附件 ……………………………………………………………… 20

第四节　釜式反应器的换热装置的设计与选择 …………………………… 21

一、换热装置及特点 ……………………………………………………… 21

二、换热介质的选择 ……………………………………………………… 23

第五节　反应器流动模型 …………………………………………………… 26

一、反应器流动模型 ……………………………………………………… 26

二、非理想流动 …………………………………………………………… 29

第六节　均相动力学基础 ………………………………………… 30

一、反应器计算的基本内容和基本方程 ………………………… 30

二、均相反应速率及动力学方程 ………………………………… 31

第七节　釜式反应器的工艺计算 ………………………………… 38

一、间歇釜的工艺计算 …………………………………………… 38

二、CSTR 釜式反应器的工艺计算与选型 ……………………… 44

第八节　釜式反应器的操作 ……………………………………… 49

一、反应器的开车 ………………………………………………… 49

二、釜式反应器的操作 …………………………………………… 49

三、釜式反应器的停车 …………………………………………… 50

第三章　管式反应器的操作与控制 ……………………………… 58

第一节　管式反应器的选择 ……………………………………… 59

一、管式反应器的主要类型 ……………………………………… 59

二、管式反应器的结构 …………………………………………… 61

三、管式反应器的特点 …………………………………………… 62

第二节　管式反应器体积的计算 ………………………………… 62

一、平推流假设 …………………………………………………… 63

二、恒温恒容管式反应器体积计算 ……………………………… 64

三、恒温变容管式反应器体积计算 ……………………………… 64

第三节　管式反应器的操作与控制 ……………………………… 66

一、反应原理 ……………………………………………………… 66

二、工艺流程简述 ………………………………………………… 66

三、水合反应器操作与控制 ……………………………………… 67

第四节　管式反应器的优化(均相反应器的优化) ……………… 71

一、简单反应的反应器生产能力比较 …………………………… 72

二、复杂反应选择性比较 ………………………………………… 78

第四章　气-固相反应器的操作与控制 ………………………… 82

第一节　气-固相反应器的选择 ………………………………… 82

一、固定床反应器的特点与结构 ………………………………… 82

　　二、流化床反应器的特点与结构 ················· 88

　　三、气-固相催化反应器的选择 ················· 98

　第二节　催化剂 ································· 99

　　一、催化剂的基本特征 ····················· 99

　　二、催化剂的组成与性能 ··················· 100

　　三、催化剂的制备 ······················· 102

　　四、催化剂的使用 ······················· 107

　　五、气-固相催化反应动力学 ················· 109

　第三节　固定床反应器的操作 ················· 118

　　一、生产原理 ························· 118

　　二、工艺流程 ························· 118

　　三、工艺参数要求 ······················· 119

　第四节　流化床反应器的操作 ················· 122

　　一、固体流态化 ······················· 123

　　二、流化床反应器的操作维护知识 ············· 130

　　三、流化床反应器的操作指导 ··············· 132

　第五节　本体聚合流化床反应器的操作 ··········· 135

　　一、高抗冲乙烯丙烯共聚物(HIMONT)本体聚合生产原理 ····· 135

　　二、高抗冲乙烯丙烯共聚物(HIMONT)本体聚合工艺流程 ····· 135

　　三、本体聚合流化床反应器的操作与控制 ········· 136

　　四、流化床反应器中常见异常现象及处理方法 ······ 139

第五章　气-液相反应器的操作与控制 ············· 141

　第一节　气-液相反应器 ····················· 142

　　一、鼓泡塔反应器 ······················· 142

　　二、鼓泡管反应器 ······················· 144

　　三、搅拌釜式反应器 ····················· 144

　　四、膜式反应器 ························· 145

　　五、填料塔反应器 ······················· 146

　第二节　气-液相反应器的选择 ················· 151

　　一、工业生产对气-液相反应器的选用要求 ········· 151

二、鼓泡塔反应器 ………………………………………………… 152

三、填料塔反应器 ………………………………………………… 156

第三节　气-液相反应器操作 …………………………………… 159

一、气-液相反应器的操作 ……………………………………… 159

二、气-液相反应器的实训操作 ………………………………… 161

三、气-液相反应器仿真操作 …………………………………… 165

附　录 …………………………………………………………… 176

第一章
绪 论

知识目标

☞ 了解化学反应过程与设备的重要性及其与其他研究领域的关系；
☞ 了解反应技术的开发过程和反应器设计的基本原理。

技能目标

☞ 能解释理想反应器的流动特点；
☞ 能识别各种反应器的类型；
☞ 能运用反应器的放大方法。

态度目标

☞ 具有团队精神和与人合作的能力；
☞ 具有与人交流沟通的能力；
☞ 具有较强的表达能力。

一、化学反应过程与设备的重要性

化工生产过程纷繁复杂，从原料到产品需要进行一系列的处理过程，不同的产品生产有着不同的工艺过程。

一个典型化工生产过程的流程大致包括原料预处理、化学反应、产品的分离和提纯等(图 1-1)。其中原料预处理、产品的分离和提纯属于物理过程，化学反应属于化学过程。

很显然，化学反应是整个化工生产过程的核心。用来进行化学反应的设备称为化学反应器，化学反应器是化工生产装置中的关键设备。

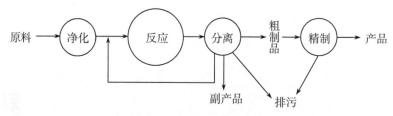

图 1-1 化工生产过程示意图

二、化学反应过程与设备和其他研究领域的关系

化学反应过程与设备主要研究的是如何在工业规模上实现有经济价值的化学反应。其主要任务是通过对反应过程本身及所用设备的研究开发达到大规模有效生产化工产品的目的。化学反应过程与设备和其他研究领域的关系,如表 1-1 所示。

表 1-1　化学反应过程与设备和其他研究领域的关系

研究领域	研究内容	与化学反应过程与设备的关系
化学热力学	主要是确定物料体系的各种物性常数(如热容、反应热、压缩因子等)	分析反应的可能性、反应条件和可能达到的反应程度等,如计算反应的平衡常数和平衡转化率
反应动力学	专门阐明化学反应(包括主反应和副反应)速率与各项物理因素(如浓度、温度、压力及催化剂等)之间的定量关系	为了实现某一反应,要选定适宜的操作条件及反应器结构形式、确定反应器结构尺寸等
催化剂	一般属于化学或工艺的范畴,也涉及许多工程上的问题,诸如颗粒内的传热、微孔中的扩收、催化剂放大制备时各阶段操作条件对催化剂活性结构的影响、催化剂的活化和再生、催化剂的选择性等	对催化剂的研制和改进起到指导作用。改变反应速率,实现反应过程的工业化
传递工具	装置中的动量传递、热量传递、质量传递	流体流动与混合、温度与浓度的分布,直接影响反应进程
工程控制	操作条件的实施与控制,如温度、压力、进料配比、流量等	反应条件应当选择在稳定的操作点上,并力求实现最优化。一项反应技术的实施有赖于适当的操作控制
化工工艺	化工生产设备、流程、操作条件分析与确定	必须在"三传一反"的基础上进行

有些反应在热力学理论上是可行的,如常压、低温下合成氨,但由于反应速率太低而在实际生产中不可行。因此,需要研究出好的催化剂才能在适当的温度和压力下以较高速率进行,这就是动力学问题。也有一种情况,有些反应在热力学理论上是不可行的,如甲烷裂解制乙炔,需要在 1 500 ℃ 左右的高温下进行,但乙炔在这种高温条件下极不稳定,反应最终只能得到碳和氢。如果设法使甲烷在极短时间(如

0.001 s)内反应并立即淬冷到低温,那么就能制得乙炔。因此在实际的化工生产过程中,起决定性的往往是动力学因素,这依赖于对反应动力学特性的认识。

三、反应技术的开发过程

1. 反应技术

反应技术是指以反应器为中心来实施化学反应过程的技术,其开发过程主要包括:

(1) 反应器型式的选择;

(2) 反应条件的确定和保证这些条件的技术措施;

(3) 反应器工艺尺寸及结构的确定;

(4) 反应装置的最优化。

一个新过程能否在工业规模上实现,它的开发期限有多长以及所达到的水平如何,就技术方面来说,以下因素起决定作用:

(1) 是否有足够有效的催化剂?(既是化学问题,也是化学反应过程与设备的问题)

(2) 放大技术特别是化学反应过程的放大技术水平如何?(主要是化学工程问题)

(3) 有无能够满足特殊性能要求(耐高温高压、抗腐蚀等)的材料?

(4) 能否设计和制造相应的高精度或大容量的机器和设备?(主要是化工机械制造方面的问题)

(5) 计量和自动控制的技术水平如何?(主要是仪表和自控问题)

2. 反应技术开发步骤

反应技术开发步骤如表 1-2 所示。

表 1-2　反应技术开发步骤

开发步骤	内容
实验室的试验研究	一般在小型装置中进行,故称小试。有时在实验室内用金属装置做规模稍稍放大一点的试验,称模试
预设计及评价	根据实验室试验的结果可以预期今后工业化的前景。较粗地预设计出全过程的流程和设备,估算出投资成本和各项技术指标,然后加以评价
中间厂试验	中间工厂阶段是在建成大厂之前耗费最大的一个阶段,也是过渡到工业化的关键阶段
工业装置的设计及评价	根据中试结果进行工业化装置的设计,并再一次对整个装置做一次技术和经济评价
工业化生产与大型化	从工业化装置中可以确定出整个系统及个别装置的各种技术性能以及原料和公用工程的各项消耗定额,为设计相同规模的工厂提供可靠的资料。另外,根据运转过程,进一步比较出其与其他同类过程的优劣作为研究和改进的方向

3. 反应过程的放大方法

放大技术贯穿于从小试直到完成工业生产的整个过程之中,这是一项很复杂和细致的任务,尤其是化学反应过程的开发,不得不依靠逐级放大的方法,需耗费相当的人力、物力和时间。

反应过程的主要放大方法如表1-3所示。

表 1-3　反应过程的放大方法

放大方法	内容	特点
经验法	依靠对已有的操作经验而建立起来的以认识为主实行放大的方法	比较原始,不够精确,不够经济,但有一定的价值。尤其对于某些目前难于进行理论解析的课题,如高黏度的聚合体系等,往往更需要依靠经验来解决,因此不能轻易否定
相似放大法	相似的放大法与倍加法都是相似放大法的一种	相似放大法被广泛应用于各种物理过程中,但是对于有化学反应的过程,因为要同时保持流体力学相似、传热相似和反应相似往往是行不通的。因此该方法难以解决化学反应的问题,只在某些特殊的情况下才有可能应用
部分解析法	半理论半经验的方法	对于许多目前还难于全面进行理论解析的过程,通过部分计算、部分经验决定的方法来进行反应技术的开发与放大仍是切合实际的办法
数学模拟放大法	对一切实际对象用数学方程的形式加以描述,再用计算机进行研究、设计和放大	目前比较先进、科学的方法

综上所述,可见目前化学反应工程处理问题的方法是实验研究和理论分析并举。

(1) 依靠经验进行放大,只能知其然而不知其所以然。

(2) 相似放大的方法,则只对物理过程有效,对于同时兼有物理作用和化学作用的反应过程来说,则不适用。

(3) 半经验、半理论的部分解析法只适用于某些局部的或较粗过程的模型,并辅之以比较适当的经验成分来解决问题。

(4) 数学模拟放大方法是目前公认比较科学的方法,它把生产技术建立在较高的技术水平之上。

四、放大程度和开发周期

由于建设中间厂耗费大量人力、物力和时间,因此减少放大层次、增加放大倍数和开发周期是最终目标。是否需要中间厂,规模多大,放大倍数能达到多少,这些都与经验和理论水平紧密相关。对于通用的流体输送设备,如泵、压缩机等,因是定型产品,不存在这个问题;对于一般的换热设备,只要物性数据明确,可放大 200～300 倍而误差不超过 10％;对于蒸馏塔、吸收塔等设备,如有正确的平衡数据,也可比较容易地放大 100～200 倍。只有化学反应装置,由于进行多种物理与化学过程,而且相互影响、错综复杂,理论解析往往比较困难,甚至实验数据也不易归纳成有规律的形式,于是"放大效应"就特别令人困扰了。随着技术水平的提高,过程开发的周期也相应地缩短了。据国外报道,甲苯歧化为 6 000 倍、丙烯聚合为 17 000 倍、提升管催化裂化为 80 000 倍等。近半个世纪以来,国际上过程开发的周期已从 8 年以上缩短到 3 年左右。

五、反应器的设计

目前主要利用经验数据进行反应器的设计。

1. 反应器设计一般包含三项内容

(1) 反应器类型的选择:工业反应器类型很多,在不同类型的反应器中,能量与物质的传递特性有很大差异。因此,需要根据给定反应体系的动力学特性,选择具有适宜传递特性的反应设备。

(2) 反应器结构的设计及结构参数的确定:按照生产任务和选定的反应器类型,确定反应器的总体布局及单个反应器的内部结构,如确定反应器的台套数及组合方式、反应器体积、高径比、搅拌方式及强度、换热方式及换热面积等。

(3) 反应器工艺参数的确定:正确选择操作条件,使反应系统处于最佳操作状态并达到最大经济效益。

2. 反应器设计的模型方法

由于工业化学反应器本身的复杂性,使反应器的设计有多种方法。

(1) 实验逐级放大的经验法。通过实验逐级放大的经验法,不但费时费力,而且局限性很大,只能在很窄的工艺条件范围内和相同结构类型的生产装置上进行。

(2) 数学模型法。随着化学反应工程学的发展以及计算机的普及,数学模型法得到了广泛应用,从而使反应器的设计更加科学化。使用数学模型法进行反应器设计一般有三个步骤:首先简化反应过程,建立反映该过程特性的物理模型;其次对物理模型进行数学描述,并建立数学模型;最后对数学模型求解,分析并选择最佳设计方案。

第二章
釜式反应器的操作与控制

知识目标

- ☞ 了解均相反应器在化学工业中的地位与作用；
- ☞ 了解均相反应器的发展趋势；
- ☞ 掌握均相反应器的分类方法；
- ☞ 掌握釜式反应器、管式反应器的基本结构及其基本特点；
- ☞ 掌握釜式反应器、管式反应器类型的选择方法；
- ☞ 理解均相反应动力学的基本概念；
- ☞ 掌握理想流动模型；
- ☞ 掌握间歇操作釜式反应器工艺设计方法；
- ☞ 掌握连续操作釜式反应器工艺设计方法；
- ☞ 掌握连续操作管式反应器工艺设计方法；
- ☞ 掌握釜式反应器配套设施的选择；
- ☞ 理解理想均相反应器的优化目标与实现初步优化的方法；
- ☞ 理解釜式反应器操作工艺参数的控制方案；
- ☞ 了解反应器稳定操作的重要性和方法；
- ☞ 掌握间歇操作釜式反应器、连续操作釜式反应器的操作方法和控制规律。

技能目标

- ☞ 具有信息检索能力；
- ☞ 具有数学计算和应用能力；
- ☞ 具有自我学习和自我提高能力；
- ☞ 具有工作计划和决策能力；
- ☞ 具有发现问题、分析问题和解决问题的能力。

态度目标

☞ 具有团队精神和与人合作的能力；

☞ 具有与人交流沟通的能力；

☞ 具有较强的表达能力。

第一节　釜式反应器的应用和分类

化学工业产品品种繁多,使用的反应器种类很多,每一种产品都有各自的反应过程与设备。化学反应器的分类方式很多,一般按结构原理的特点、反应相态、操作方式等来进行分类。

化学工业生产中最为常见的是均相反应器,主要有釜式反应器、管式反应器等,它们的分类与结构介绍如下。

一、釜式反应器在化工生产中的应用

装有搅拌器的釜式设备（或称槽、罐）是化学工业中广泛采用的反应器之一,它既可用来进行液-液均相反应,也可用于非均相反应,如非均相液相、液固相、气-液相、气-液固相等。该设备普遍应用于石油化工、橡胶、农药、染料、医药等领域,用来完成磺化、硝化、氢化、烃化、聚合、缩合等工艺过程,以及有机染料和医药中间体的其他工艺过程。聚合反应过程约90%采用搅拌釜式反应器。在美国,聚氯乙烯70%以上用悬浮法生产,采用 $10 \sim 150 \ m^3$ 的搅拌釜式反应器;在德国,氯乙烯悬浮聚合采用 $200 \ m^3$ 的大型釜式反应器;中国大多采用 $13.5 \ m^3$、$33 \ m^3$、$45 \ m^3$ 不锈钢或复合钢板的聚合釜式反应器,以及 $7 \ m^3$、$14 \ m^3$ 的搪瓷釜式反应器。又如涤纶树脂的生产采用本体熔融缩聚,聚合反应也使用釜式反应器。在染料、医药、香精等精细化工的生产中,几乎所有的单元操作都可以在釜式反应器内进行。

釜式反应器的应用范围之所以广泛,是因为这类反应器结构简单,加工方便,传质效率高,温度分布均匀,操作条件（如温度、浓度、停留时间等）的可控范围较广,操作灵活性大,便于更换品种,能适应多样化的生产。

二、釜式反应器的分类

1. 按照操作方式分类

按操作方式分为间歇（分批）式、半连续（半间歇）式和连续式操作。

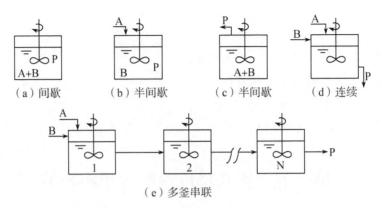

（a）间歇　　（b）半间歇　　（c）半间歇　　（d）连续

（e）多釜串联

图 2-1　反应釜的操作方式

釜式反应器可以进行间歇式操作：一次性加入反应物料，在一定条件下，经过一定的反应时间，达到所要求的转化率时，取出全部物料的生产过程，如图 2-1（a）所示。这一过程属非定态过程，反应器内参数随时间而变。间歇式操作设备利用率不高、劳动强度大，适用于反应速率慢，小批量、多品种的生产过程，在染料及制药工业中广泛应用。

釜式反应器可以单釜或多釜串联进行连续式操作：连续加入反应物料和取出产物的生产过程，如图 2-1（d）所示，属定态过程，反应器内参数不随时间而改变。连续操作设备利用率高，产品质量稳定，劳动生产率高，适于大规模生产。

釜式反应器也可以进行半间歇（或称半连续）式操作：一种物料分批加入，而另一种物料连续加入的生产过程，如图 2-1（b）所示；或者原料与产物只要其中的一种为连续输入或输出而其余则为分批加入或卸出的操作，如图 2-1（c）所示。半间歇操作属于非定态过程，反应器内参数随时间而变，也随反应器内位置而变。半间歇操作特别适合于要求一种反应物的浓度高而另一种反应物的浓度低的化学反应，适用于可以通过调节加料速度来控制反应温度的反应。

2. 按照材质分类

反应器按照材质可以分为钢制（或瓷板）反应器、铸铁反应器及搪玻璃反应器。

（1）最常见的钢制反应釜的材料为 Q235A（或容器钢）。钢制反应釜的特点是制造工艺简单，造价费用较低，维护检修方便，使用范围广泛，因此，化工生产普遍采用。由于材料 Q235A 不耐酸性介质腐蚀，常用的还有不锈钢材料制作的反应釜，可以耐一般酸性介质。经过镜面抛光的不锈钢制反应釜还特别适用于高黏度体系聚合反应。

（2）铸铁反应釜在氯化、磺化、硝化、缩合、硫酸增浓等反应过程中使用较多，有如下的特点：

① 含碳量高，接近共晶合金成分，使得铸铁具有熔点低、流动性好等优点，具有良好的铸造性。

② 较低的强度及塑、韧性，良好的减摩性、减震性、切削加工性及对裂纹不敏感

（组织中含有石墨）。

③ 传热效果不好。

④ 笨重，不能进行变形加工。

⑤ 价格低廉，生产工艺简单，成品率高。

（3）搪玻璃反应釜，俗称搪瓷锅。在碳钢锅的内表面涂上含有二氧化硅玻璃釉，经 900 ℃左右的高温焙烧，形成玻璃搪层。由于搪玻璃反应釜对许多介质具有良好的抗腐蚀性，所以被广泛用于精细化工生产中的卤化反应及有盐酸、硫酸、硝酸等存在时的各种反应。

搪瓷锅性质：能耐大多数无机酸、有机酸、有机溶剂等介质的腐蚀。

但搪玻璃设备不宜用于下列介质的储存和反应：任何浓度和温度的氢氟酸；pH大于 12 且温度大于 100 ℃的碱性介质；温度大于 180 ℃、浓度大于 30%的磷酸；酸碱交替的反应过程；含氟离子的其他介质。

耐热性：允许在－30～240 ℃范围内使用

耐冲击性：较小。

我国标准搪玻璃反应釜有 K 型和 F 型两种。K 型反应釜，其锅盖和锅体是分开的，可装大尺寸的锚式、框式和桨式等各种形式的搅拌器，反应釜容积有 50～10 000 L的不同规格，因而适用范围广。F 型是盖体不分的结构，盖上都装置入孔，搅拌器为尺寸较小的锚式或桨式，适用于低黏度、容易混合的液-液相、气-液相等反应。F 型反应釜的密封面比 K 型小很多，所以对一些气-液相卤化反应以及带有真空和压力下的操作更为适宜。

搪玻璃反应釜的夹套用 A3 型等普通钢材制造。若使用低于 0 ℃的冷却剂时则须改用合适的夹套材料。技术参数的选择可查阅有关设计手册和产品样本，根据反应物料的酸碱性及反应条件选择反应器的材质。

3. 按物料的聚集状态分类

均相：

气均相，如石油烃管式裂解炉；

液均相，如乙酸丁酯的生产。

非均相：

气-液相，如苯的烷基化；

气-固相，如合成氨；

液-液相，如己内酰胺缩合；

液-固相，如离子交换；

气-液-固相，如焦油加氢精制。

实质上是按宏观动力学特性进行分类的，相同聚集状态的反应有相同的动力学规律。

对于均相反应过程，反应速率主要考虑温度、浓度等因素，传质不是主要矛盾。

对非均相反应过程，反应速率除考虑温度、浓度等因素外还与相间传质速率有关。

4. 按反应器结构分类

按反应器结构的特点可分为如下几种类型:管式反应器、釜式反应器、塔式反应器(包括板式塔、填料塔、鼓泡塔和喷雾塔反应器等)、固定床反应器、流化床反应器、移动床反应器、滴流床反应器等。其实质是按传递过程的特征分类,相同结构反应器内物料具有相同流动、混合、传质、传热等特征。

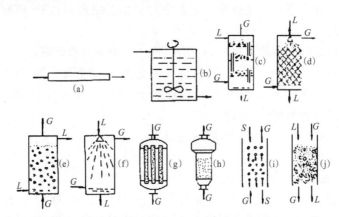

(a) 管式反应器;(b) 釜式反应器;(c) 板式塔;(d) 填料塔;(e) 鼓泡塔;
(f) 喷雾塔;(g) 固定床反应器;(h) 流化床反应器;(i) 移动床反应器;(j) 滴流床反应器

图 2-2　反应器结构分类

5. 按温度条件和换热方式分类

多数反应有明显的热效应。为使反应在适宜的温度条件下进行,往往需对反应物料进行换热。换热方式有间接换热和直接换热两种。间接换热指反应物料和载热体通过间壁进行换热,直接换热指反应物料和载热体直接接触进行换热。对放热反应,可以用反应产物携带的反应热来加热反应原料,使之达到所需的反应温度,这种反应器称为自热式反应器。按反应过程中的换热状况,反应器可分为等温反应器、绝热式反应器和非等温非绝热反应器。

(1) 等温反应器。反应物系温度处处相等的一种理想反应器,是一种反应热效应极小,或反应物料和载热体间充分换热,或反应器内的热量反馈极大(如剧烈搅拌的釜式反应器)的反应器,可近似看作等温反应器。

(2) 绝热反应器。它是一种反应区与环境无热量交换的理想反应器。反应区内无换热装置的大型工业反应器,与外界换热可忽略,可近似看作绝热反应器。

(3) 非等温非绝热反应器。与外界有热量交换,反应器内也有热反馈,但达不到等温条件的反应器,如列管式固定床反应器。

换热可在反应区进行,如通过夹套进行换热的搅拌釜;也可在反应区间进行,如级间换热的多级反应器。换热由热载体供给或移走热量,又有间壁传热式、直接传热式、外循环传热式之分。

6. 按操作压力分类

按反应釜所能承受的操作压力可以分为低压釜和高压釜。

低压釜是最常见的搅拌釜式反应器。在搅拌轴与壳体之间采用动密封结构,在低压(1.6 MPa 以下)条件下能够防止物料的泄露。

在高压条件下,动态密封往往难以保证不泄露。目前高压常采用磁力搅拌釜。磁力釜的主要特点是以静态密封代替了传统的填料密封或机械密封,从而实现了整台反应釜在全密封状态下工作,保证无泄露,因此更适合于各种极毒、易燃、易爆以及其他渗透力极强的化工工艺过程,是石油化工、有机合成、化学制药、食品等进行硫化、氟化、氢化、氧化等反应的理想设备。

第二节　釜式反应器的结构

一、釜式反应器的结构

釜式反应器是化学工业中广泛采用的反应器之一,尤其在精细化学品、高分子聚合物和生物化工产品的生产中,操作釜式反应器约占反应器总数的 90%。其应用之所以广泛是因为这类反应器的结构简单,加工方便,传质效率高,温度分布均匀,便于控制和改变工艺条件(如温度、浓度、反应时间等),操作灵活性大,便于更换品种、小批量生产。它可用来进行均相反应,也可用于非均相反应,如非均相液相、液固相、气-液相、气-液固相等。在精细化工的生产中,几乎所有的单元操作都可以在釜式反应器内进行。釜式反应器的结构主要由壳体、搅拌装置、轴封和换热装置构成(图 2-3)。

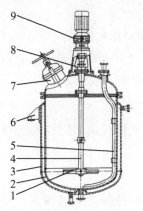

1—搅拌器;2—罐体;3—夹套;4—搅拌轴;
5—压料管;6—支座;7—人孔;8—轴封;9—传动装置
图 2-3　釜式反应器结构

1. 壳体

壳体由圆形筒体、上盖、下封头构成,主要用来提供容积,是完成物料的物理、化学反应的容器。上盖与筒体连接有两种方法:一种是盖子与筒体直接焊死,构成一个整体;另一种形式是考虑拆卸方便用法兰连接,上盖开有人孔、手孔和工艺接口等。壳体材料根据工艺要求确定,最常用的是铸铁板和普通钢板,也有的采用合金钢板或复合钢板。当用来处理有腐蚀性介质时,则需用耐腐蚀材料来制造反应釜,或者将反应釜内衬内表搪瓷、衬瓷板或橡胶。

釜底常用的形状有平面形、碟形、椭圆形和球形,如图2-4所示。

平面形结构简单,制造容易,一般在釜体直径小、常压(或压力不大)操作时采用;椭圆形或碟形应用较多;球形多用于高压反应器;当反应后物料需用分层法使其分离时,可用锥形底。

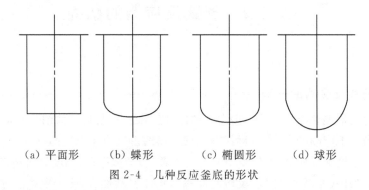

(a) 平面形　　　(b) 碟形　　　(c) 椭圆形　　　(d) 球形

图 2-4　几种反应釜底的形状

手孔、人孔:安装和检修设备的内部构件;

视镜:观察设备内部物料的反应情况,也作液面指示用;

安全装置:安全阀和爆破片;

其他工艺接管包括:

进料管,伸向釜内成45°,切口指向中央;

出料管,包括上、下出料管,上出料管的管子设在最低处并成45°;

仪表接管,用于测压强、温度以及取样等。

2. 搅拌装置

搅拌装置由搅拌轴和搅拌电机组成,其目的是使反应釜内物料混合均匀,强化反应的传质和传热。

3. 轴封

轴封用来防止釜的主体与搅拌轴之间的泄漏。轴封主要有填料密封和机械密封两种方式。

(1) 填料密封结构如图2-5所示。填料箱由箱体、填料、油环、衬套、压盖和压紧螺栓等零件组成,旋转压紧螺栓时压盖压紧填料,使填料变形并紧贴在轴表面上,达到密封目的。在化工生产中,轴封容易泄漏。一旦有毒气体逸出,会污染环境,甚至发生事故,因而需控制好压紧力。压紧力过大,轴旋转时轴与填料间摩擦增大,会使磨损加快,在填料处定期加润滑剂可减少摩擦,并能减少因螺栓压紧力过大而产生的摩擦发热。填料要富于弹性,有良好的耐磨性和导热性。填料的弹性变形要大,使填料紧贴转轴,对转轴产生收缩力,同时还要求填料有足够的圈数。

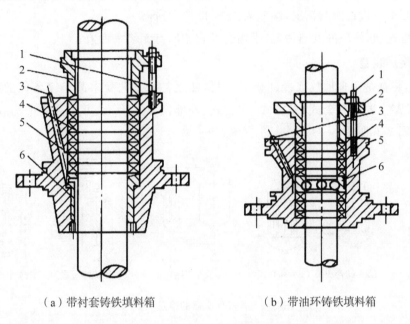

（a）带衬套铸铁填料箱　　　　（b）带油环铸铁填料箱

1—螺栓;2—压盖;3—油环;4—填料;5—箱体;6—衬套

图 2-5　不平衡单端面机械密封

使用中由于磨损应当适当填补填料,调节螺栓的压紧力,以达到密封效果。填料压盖要防止歪斜。有的设备在填料箱处设有冷却夹套,可以防止填料摩擦发热。

填料密封安装要点如下:

安装时,应先将填料制成填料环,接头处应互为搭接,其开口坡度为45°,搭接后的直径应与轴径相同;每层接头在圆周内的错角按 0°、180°、90°、270°交叉放置,压紧压盖时,应均匀、对称地拧紧,压盖与填料箱端面应平行,且四个方位的间距相等。填料箱体的冷却系统应畅通无阻,保证冷却的效果。

（2）机械密封。机械密封在反应釜上已广泛应用,它的结构和类型繁多,工作原理和基本结构都是相同的。机械密封由动环、静环、弹簧加荷装置(弹簧、螺栓、螺母、弹簧座、弹簧压板)及辅助密封圈四个部分组成。由于弹簧力的作用使动环紧紧压在静环上,当轴旋转时,弹簧座、弹簧、弹簧压板、动环等零件随轴一起旋转;而静环则固定在座架上静止不动,动环与静环相接触的环形密封端面阻止了物料的泄漏。机械密封结构较复杂,但密封效果甚佳。

机械密封的安装及日常维护要点如下:

① 拆装要按顺序进行,不得磕碰、敲打;

② 安装前检验每个弹簧的压紧力,严格按规程装配;

③ 保持动、静环的垂直和平行,防止脏物进入;

④ 开车前一定要将平衡管进行排空,保证冷却液体在前、后密封的流道畅通;

⑤ 要盘车看是否有卡住现象,以及密封处的渗漏情况;

⑥ 开车后检查泄漏情况,滴速为 15~30 滴/分钟;

⑦ 检查动、静环的发热情况,平衡管及过滤网有无堵塞现象。

4. 换热装置

换热装置是用来加热或冷却反应物料,使之符合工艺要求的温度条件的设备。其结构类型主要有夹套式、蛇管式、列管式、外部循环式等,也可用直接火焰或电感加热,如图 2-6 所示。

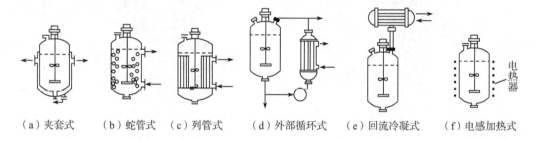

（a）夹套式　　（b）蛇管式　（c）列管式　　（d）外部循环式　（e）回流冷凝式　（f）电感加热式

图 2-6　釜式反应器的换热装置

二、釜式反应器的发展趋势

目前在化工生产中,反应釜所用的材料、搅拌装置、加热方法、轴封结构、容积大小、温度、压力等种类繁多,但基本具有以下特点。

① 结构基本相同。除有反应釜体外,还有传动装置、搅拌器和加热(或冷却)装置等,以改善传热条件,使反应温度控制得比较均匀,并且强化传质过程。

② 操作压力较高。工程上习惯将压强称为压力。釜内的压力是由化学反应产生或温度升高形成的,压力波动较大,有时操作不稳定,压力突然增高可能超过正常压力几倍。所以反应釜大部分属于受压设备。

③ 操作温度较高。化学反应需要在一定的温度条件下才能进行,所以反应釜既要承受压力又要承受温度。

④ 反成釜中通常要进行化学反应。为保证反应能均匀而较快地进行,提高效率,在反应釜中装有相应的搅拌装置,这样就要考虑传动轴的动密封和防止泄漏问题。

⑤ 反应釜多属间歇操作。有时为保证产品质量,每批出料后须进行清洗。釜顶装有快开人孔及手孔,便于取样、观察反应情况和进入设备内部检修。

化工生产的发展对反应釜的要求和发展趋势:

① 大容积化:这是增加产量、减少批量生产之间的质量误差、降低产品成本的必然发展趋势,如染料行业生产用反应釜国内为 6 m³ 以下,其他行业有的可达30 m³;而国外在染料行业有的为 20～30 m³,其他行业的可达 120 m³。

② 搅拌器改进。反应釜的搅拌器已由单搅拌器发展到用双搅拌器或外加泵强制循环。除了装有搅拌装置外,还使釜体沿水平线旋转,从而提高反应速率。

③ 生产自动化和连续化。如采用计算机集散控制,既可稳定生产,提高产品质量,增加效益,减轻体力劳动,又可消除对环境的污染,甚至可防止和消除事故的发生。

④ 合理利用热能。工艺选择最佳的操作条件,加强保温措施,提高传热效率,使热损失降至最小,余热或反应后产生的热能充分利用。

第三节 釜式反应器搅拌装置设计与选择

化工过程的各种化学变化,是以参加反应物质的充分混合以及维持适宜的反应温度等工艺条件为前提的。就釜式反应器而言,达到充分混合的条件是对反应混合物进行充分搅拌;满足适宜的反应温度的根本途径是良好的传热等。釜式反应器配套设施主要是搅拌器、换热装置、各种工艺配管等,它们都是釜式反应器正常工作的重要设施。

一、搅拌装置设计与选型

搅拌器是搅拌釜式反应器的一个关键部件,其根本目的是加强釜式反应器内物料的均匀混合,以强化传质和传热。搅拌器由搅拌轴和搅拌电机组成。

搅拌器的类型选择及计算是否正确,直接关系到搅拌釜式反应器的操作和反应的结果。如果搅拌器不能使物料混合均匀,可能会导致某些副反应的发生,使产品质量恶化,收率下降,反应结果严重偏离小试结果,即产生所谓的放大效应。另外,不良的搅拌还可能会造成生产事故。例如某些硝化反应,如果搅拌效果不好,可能使某些反应区域的反应非常剧烈,严重时会发生爆炸。由于搅拌的存在,使搅拌釜式反应器物料侧的传热系数增大,因此搅拌对传热过程也有影响。

1. 搅拌的目的和要求

(1)搅拌目的:

① 均相液体的混合。通过搅拌使反应釜中的互溶液体达到分子规模的均匀程度。

② 液-液分散。把不互溶的两种液体混合起来,使其中的一相液体以微小的液滴均匀分散到另相液体中。被分散的一相为分散相,另一相为连续相。被分散的液

滴越小,两相接触面积越大。

③ 气-液相分散。在气-液接触过程中,搅拌器把大气泡打碎成微小气泡并使之均匀分散到整个液相中,以增大气-液接触面积。另一方面,搅拌还造成液相的剧烈湍动,以降低液膜的传质阻力。

④ 固-液分散。让固体颗粒悬浮于液体中。例如硝基物的液相加氢还原反应,一般以骨架镍为固体催化剂,反应时需要把固体颗粒催化剂悬浮于液体中,才能使反应顺利进行。

⑤ 固体溶解。当反应物之一为固体而溶于液体时,固体颗粒需要悬浮于液体之中。搅拌可加强固-液间的传质,以促进固体溶解。

⑥ 强化传热。有些物理或化学过程对传热有很高的要求,或需要消除釜内的温度差,或需要提高釜内壁的传热系数,搅拌可以达到上述强化传热的要求。

(2)搅拌要求:

① 反应釜中的物料能很快且均匀地分布到反应釜中的整个物料之中。

② 反应釜中的物料混合要充分,任何一处的浓度均应相等。对于某些快速复杂反应,要避免由于局部浓度过高,使副反应增加,从而导致选择性降低的现象。

③ 反应釜内物料侧的传热系数要足够大,从而使反应热可以及时移出或使反应需要的热量及时传入。

④ 如果反应受传质速率的控制,通过搅拌的作用可以使传质速率达到合适的数值。

2. 搅拌液体的流动特性

搅拌器之所以能起到液-液、气-液、固-液分散等搅拌效果,主要在于搅拌器的混合作用。搅拌器运转时,叶轮把能量传给它周围的液体,使这些液体以很高的速度运动起来,产生强烈的剪切作用。在这种剪切力的作用下,静止或低速运动的液体也跟着以很高的速度运动起来,从而带动所有液体在设备范围内流动。这种设备范围内的循环流动称为宏观流动,由此造成的设备范围内的扩散混合作用称为主体对流扩散。

高速旋转的漩涡又对它周围的液体造成强烈的剪切作用,从而产生更多的漩涡。众多的漩涡一方面把更多的液体挟带到做宏观流动的主体液流中去;另一方面形成局部范围内液体快速而紊乱的对流运动,即局部的湍流流动。这种局部范围内的漩涡运动称为微观流动,由此造成的局部范围内的扩散混合作用称为涡流对流扩散。

搅拌设备里不仅存在涡流对流扩散和主体对流扩散,还存在分子扩散,其强弱程度依次减小。实际的混合作用是上述三种扩散作用的综合。但从混合的范围及混合的均匀程度来看,三种扩散作用对实际混合过程的贡献是不同的。主体对流扩散只能把物料破碎分裂成微团,并使这些微团在设备范围内分布均匀。而通过微团之间的涡流对流扩散,可以把微团的尺寸降低到漩涡本身的大小。搅拌越剧烈,涡流运动就越强烈,湍流程度就越大,分散程度就越高,漩涡的尺寸就越小。在通常的搅拌条件下,漩涡的最小尺寸为几十微米。然而,这种最小的旋涡也比分子大得多。因此,主体对流扩散和涡流对流扩散都不能达到分子水平上的完全均匀混合。分子水平上的完全均匀混合程度只有通过分子扩散才能达到。在设备范围内呈微团均匀分布的混合过程称为宏观混合,达到分子规模分布均匀的混合称为微观混合。可见,主体对流扩散和涡流对流扩散只能进行宏观混合,只有分子扩散才能进行微观混合。漩涡运动不断更新微团的表面,大大增加分子扩散的表面积,减小了分子扩散的距离,提高了微观混合速率。

不同的搅拌过程对宏观混合和微观混合的要求是不同的。对于某些化学反应过程要求达到微观混合,否则就不可避免地发生反应物的局部浓集,其后果是对主反应不利,选择性降低,收率下降。对于液-液分散或固-液分散,不存在相间的分子扩散,只能达到宏观混合,并依靠漩涡的湍流运动减小微团的尺寸。而对于均相液体的混合,由于分子扩散速率很快,混合速率受宏观混合控制,应设法提高宏观混合速率。

液体在设备范围内做循环流动的途径称作液体的流动模型,简称流型。在搅拌设备中起主要作用的是循环流和涡流,不同的搅拌器所产生的循环流的方向和涡流的程度不同,因此搅拌设备内流体的流型可以归纳成三种。

(1)轴向流。物料沿搅拌轴的方向循环流动,如图 2-7(a)所示。凡是叶轮与旋转平面的夹角小于 90°的搅拌器转速较快时所产生的流型主要是轴向流。轴向流的循环速度大,有利于宏观混合,适合于均相液体的混合及沉降速度低的固体悬浮。

(2)径向流。物料沿着反应釜的半径方向在搅拌器和釜内壁之间流动,如图 2-7(b)所示。径向流的液体剪切作用大,造成的局部涡流运动剧烈。因此,它特别适合需要高剪切作用的搅拌过程,如气-液分散、液-液分散和固体溶解。

(3)切线流。物料围绕搅拌轴做圆周运动,如图 2-7(c)所示。平桨式搅拌器在转速不大且没有挡板时所产生的主要是切线流。切线流的存在除了可以提高釜内壁的对流给热系数外,对其他的搅拌过程是不利的。切线流严重时,液体在离心力的作用下涌向器壁,使器壁周围的液面上升,而中心部分液面下降,形成一个大漩涡,这种现象称为"打漩",如图 2-8 所示。液体打漩时几乎不产生轴向混合作用,所以一般情况下,应防止打漩。

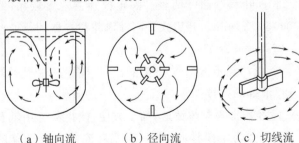

（a）轴向流　　　（b）径向流　　　（c）切线流

图 2-7 搅拌液体的流动模型

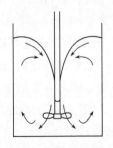

图 2-8　打漩现象

这三种流型不是孤立的,常常同时存在两种或三种流型。

搅拌器应具有两方面的性能:

(1)产生强大的液体循环流量;

(2)产生强烈的剪切作用。

基本原则,即在消耗同等功率的条件下,如果采用低转速、大直径的叶轮,可以增大液体循环流量,同时减少液体受到的剪切作用,有利于宏观混合。反之,如采用高转速、小直径的叶轮,结果则与此恰恰相反。

二、常用搅拌器的型式及性能特征

在化学工业中常用的搅拌装置是机械搅拌装置。典型的机械搅拌装置主要包括下列几部分:

(1)搅拌器,包括旋转的轴和装在轴上的叶轮。

(2)辅助部件和附件,包括密封装置、减速箱、搅拌电机、支架、挡板和导流筒等。搅拌器是实现搅拌操作的主要部件,其主要的组成部分是叶轮,它随旋转轴运动将机械能施加给液体,并促使液体运动。针对不同的物料系统和不同的搅拌目的出现了许多类型的搅拌器。

工业上较为常用的搅拌器型式有:桨式搅拌器、涡轮式搅拌器、推进式搅拌器、锚式搅拌器、螺带式搅拌器和螺杆式搅拌器。

(1)桨式搅拌器。桨式搅拌器由桨叶、键、轴环、竖轴组成。桨叶一般用扁钢或角钢制造,当被搅拌物料对钢材腐蚀严重时可用不锈钢或有色金属制造,也可在钢制桨叶的外面包覆橡胶、环氧或酚醛树脂、玻璃钢等材质。桨式搅拌器的转速较低,一般为 $20\sim80$ r/min,圆周速度在 $1.5\sim3$ m/s 范围内比较合适。桨式搅拌器直径取反应釜内径的 $1/3\sim2/3$,桨叶不宜过长,因为搅拌器消耗的功率与桨叶直径的五次方成正比。桨式搅拌器已有行业标准见《桨式搅拌器》(HG/T 3796.3—2005)。当反应釜直径很大时,采用两个或多个桨叶。

桨式搅拌器适用于流动性大、黏度小的液体物料,也适用于纤维状和结晶状的溶解液,如果液体物料层很深时可在轴上装置数排桨叶。

(2)涡轮式搅拌器。涡轮式搅拌器按照有无圆盘可分为圆盘涡轮搅拌器和开启涡轮搅拌器;按照叶轮又可分为平直叶和弯曲叶两种。涡轮搅拌器速度较大,线速度为 $3\sim8$ m/s,转速范围为 $300\sim600$ r/min。开启式平直叶涡轮搅拌器的行业标准见《开启涡轮式搅拌器》(HG/T 3796.4—2005)。

涡轮搅拌器的主要优点是当能量消耗不大时搅拌效率较高,搅拌产生很强的径向流。因此它适用于乳浊液、悬浮液等的搅拌。

(3)推进式搅拌器。推进式搅拌器常为整体铸造,加工方便,搅拌器可用轴套以平键(或紧固螺钉)与轴固定。通常为两个搅拌叶,第一个桨叶安装在反应釜的上部,把液体或气体往下压,第二个桨叶安装在下部,把液体往上推。搅拌时能使物料在反应釜内循环流动,所起作用以容积循环为主,剪切作用较小,上下翻腾效果良好。当需要有更大的流速时,反应釜内设有导流筒。

推进式搅拌器直径取反应釜内径的 $1/4\sim1/3$,转速范围为 $300\sim600$ r/min,搅拌器的材料常用铸铁和铸钢。推进式搅拌器的行业标准见《推进式搅拌器》(HG/T 3796.8—2005)。

(4) 框式和锚式搅拌器。框式搅拌器可视为桨式搅拌器的变形,即将水平的桨叶与垂直的桨叶连成一体成为刚性的框子,其结构比较坚固,搅动物料量大。如果这类搅拌器底部形状和反应釜下封头形状相似时,通常称为锚式搅拌器。

框式搅拌器直径较大,一般取反应器内径的 $2/3\sim9/10$,线速度为 $0.5\sim1.5$ m/s,转速范围为 $50\sim70$ r/min。钢制框式搅拌器行业标准见《搪玻璃搅拌器框式搅拌器》(HG/T 2051.2—2019)。框式搅拌器与釜壁间隙较小,有利于传热过程的进行,快速旋转时搅拌器叶片所带动的液体把静止层从反应釜壁上带下来,慢速旋转时有刮板的搅拌器能产生良好的热传导。这类搅拌器常用于传热、晶析操作和高黏度液体、高浓度淤浆和沉降性淤浆的搅拌。

(5) 螺带式搅拌器和螺杆式搅拌器。螺带式搅拌器常用扁钢按螺旋形绕成,直径较大,常做成几条紧贴釜内壁,与釜壁的间隙很小,所以搅拌时能不断地将粘于釜壁的沉积物刮下来。螺带的高度通常取釜底至液面的高度。

三、搅拌器的选型

搅拌器的选型主要根据物料性质、搅拌目的及各种搅拌器的性能特征来进行。

1. 按物料黏度选型

在影响搅拌状态的诸物理性质中,液体黏度的影响最大。所以,可根据液体黏度来选型。对于低黏度液体,应选用小直径、高转速搅拌器,如推进式、涡轮式;对于高黏度液体,应选用大直径、低转速搅拌器,如锚式、框式和桨式。

2. 按搅拌目的选型

搅拌目的、工艺过程对搅拌的要求是选型的关键。

对于低黏度均相液体混合,要求达到微观混合程度,已知均相液体的分子扩散速率很快,控制因素是宏观混合速率,亦即循环流量。各种搅拌器的循环流量从大到小依次为推进式、涡轮式、桨式。因此,应优先选择推进式搅拌器。

对于非均相液-液分散过程,要求被分散的"微团"越小越好,以增大两相接触表面积;还要求液体涡流湍动剧烈,以降低两相传质阻力。因此,该类过程的控制因素为剪切作用,同时也要求有较大的循环流量。各种搅拌器的剪切作用从大到小依次为涡轮式、推进式、桨式。所以,应优先选择涡轮式搅拌器。特别是平直叶涡轮搅拌器,其剪切作用比折叶和弯叶涡轮搅拌器都大,且循环流量也较大,更适合于液-液分散过程。

对于气-液分散过程,要求得到高分散度的"气泡"。从这一点来说,与液-液分散相似,控制因素为剪切作用,其次是循环流量。所以,可优先选择涡轮式搅拌器。但气体的密度远远小于液体,一般情况下,气体由液相的底部导入,如何使导入的气体均匀分散,不出现短路跑空现象,就显得非常重要。开启式涡轮搅拌器由于无中间圆盘,极易使气体分散不均,导入的气体容易从涡轮中心沿轴向跑空。而圆盘式涡轮搅拌器由于圆盘的阻碍作用,圆盘下面可以积存一些气体,使气体分散很均匀,也不会出现气体跑空现象。因此,平直叶圆盘涡轮搅拌器最适合气-液分散过程。

对于固体悬浮操作,必须让固体颗粒均匀悬浮于液体之中,主要控制因素是总体循环流量。但固体悬浮操作情况复杂,要具体分析。如固-液密度差小、固体颗粒不易沉降的固体悬浮,应优先选择推进式搅拌器。当固-液密度差大,固体颗粒沉降速度大时,应选用开启式涡轮搅拌器。因为推进式搅拌器会把固体颗粒推向釜底,不易浮起来,而开启式涡轮搅拌器可以把固体颗粒浮起来。在釜底呈锥形或半圆形时更应注意选用开启式涡轮搅拌器。当固体颗粒对叶轮的磨蚀性较大时,应选用开启弯叶涡轮搅拌器。因弯叶可减小叶轮的磨损,还可降低功率消耗。

对于固体溶解,除了要有较大的循环流量外,还要有较强的剪切作用,以促使固体溶解。因此,开启式涡轮搅拌最适合。在实际生产中,对一些易溶的块状固体则常用桨式或框式等搅拌器。

对于结晶过程,往往需要控制晶体的形状和大小。对于微粒结晶,要求有较强的剪切作用和较大的循环流量,所以应选择涡轮式搅拌器。对于粒度较大的结晶,只要求有一定的循环流量和较低的剪切作用,因此可选择桨式搅拌器。对于以传热为主的搅拌操作,控制因素为总体循环流量和换热面上的高速流动。因此,可选用涡轮式搅拌器。

四、搅拌附件

搅拌附件通常指在搅拌罐内为了改善流动状态而增设的零件,如挡板、导流筒等。有时,搅拌罐内的某些零件不是专为改变流动状态而设的,但因为它对液流也有一定阻力,也会起到改变流动状态的作用,如传热蛇管、温度计套管等。

1. 挡板

挡板可把切线流转变为轴向流和径向流,提高了宏观混合速率和剪切性能,从而改善了搅拌效果。搅拌操作中有时需要控制流体的流型,就要用导流筒。对于涡轮式搅拌器,导流筒安置在叶轮的上方,使叶轮上方的轴向流得到加强。对于推进式搅拌器,导流筒安置在叶轮的外面,使推进式搅拌器所产生的轴向流得到进一步加强。导流筒除了能控制流型以外,还能使釜内液体均通过导流筒内的强烈混合区,提高混合效果。

而在层流状态下,挡板并不影响流体的流动,所以对于低速搅拌高黏度液体的锚式和框式搅拌器来说,安装挡板是毫无意义的。

挡板的数量及其大小以及安装方式都不是随意的,它们都会影响流型和动力消耗。挡板宽度 w 为 $(1/12\sim1/10)d(d$ 为反应釜内径),挡板的数量在小直径罐时用 2 ~4 个,在大直径罐时用 4~8 个,以 4 个或 6 个居多。挡板沿罐壁周向均匀分布地直立安装。

低黏度液体时挡板可紧贴罐壁,且与液体环向流成直角。当黏度较高,如 7~10 Pa·s时,或固-液相操作时,挡板要离壁安装。当黏度更高时,还可将挡板倾斜一定的角度,以有效防止黏滞液体在挡板处形成死角及固体颗粒的堆积。当罐内有传热蛇管时,挡板一般安装在蛇管内侧。

2. 导流筒

导流筒主要用于推进式、螺杆式搅拌器的导流,涡轮式搅拌器有时也用导流筒。导流筒是一个圆筒形,紧紧包围着叶轮。应用导流筒可使流型得以严格控制,还可得到高速涡流和高倍循环。导流筒可以为液体限定一个流动路线以防止短路;也可迫使流体高速流过加热面以利于传热。对于混合和分散过程,导流筒也能起到强化作用。

对于涡轮式搅拌器,导流筒安装在叶轮的上方,使叶轮上方的轴向流得到加强。对于推进式搅拌器,导流筒安装在叶轮的外面,使推进式搅拌器所产生的轴向流进一步加强。

第四节　釜式反应器的换热装置的设计与选择

一、换热装置及特点

换热装置主要有夹套式、蛇管式、列管式、外部循环式等。

1. 夹套

传热夹套一般由钢板焊接而成,它是套在反应器筒体外面能形成密封空间的容器,既简单又方便。夹套内通蒸汽时,蒸汽压力一般不超过 0.6 MPa。图 2-9 所示为几种加强的夹套传热结构。当反应器的直径大或者加热蒸汽压力较高时,夹套必须采取加强措施。

图 2-9(a)是一种支撑短管加强的"蜂窝夹套",可用 1 MPa 的饱和水蒸气加热至 180 ℃;图 2-9(b)为冲压式蜂窝夹套,可耐更高的压力;图 2-9(c)和图 2-9(d)为角钢焊在釜的外壁上的结构,耐压为 5~6 MPa。

夹套与反应釜内壁的间距视反应釜直径的大小采用不同的数值,一般取 25~100 mm。夹套的高度取决于传热面积,而传热面积由工艺要求确定。但须注意夹套高度一般应高于料液的高度,应比釜内液面高出 50~100 mm,以保证充分传热。

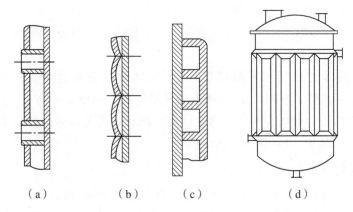

（a）   （b）   （c）   （d）

图 2-9　几种加强的夹套传热结构

有时,对于较大型的搅拌釜,为了提高传热效果,在夹套空间装设螺旋导流板,以缩小夹套中流体的流通面积,提高流速并避免短路,增大传热膜系数。螺旋导流板一般焊在釜壁上,与夹套壁有小于 3 mm 的间距。加设螺旋导流板后,夹套侧的传热膜系数一般可由 500 W/(m² · K) 增大到 1 500～2 000 W/(m² · K)。

2. 蛇管

当工艺需要的传热面积大,单靠夹套传热不能满足要求时,或者是反应器内壁衬有橡胶、瓷砖等非金属材料时,可采用蛇管、插入套管、插入 D 形管等传热。

工业上常用的蛇管有两种:水平式蛇管和直立式蛇管。排列紧密的水平式蛇管能同时起到导流筒的作用,排列紧密的直立式蛇管同时可以起到挡板的作用,它们对于改善流体的流动状况和搅拌的效果起积极的作用。

蛇管浸没在物料中,热量损失少,且由于蛇管内传热介质流速高,它的传热系数比夹套大得多。但对于含有固体颗粒的物料及黏稠的物料,容易引起物料堆积和挂料,影响传热效果。

3. 列管

对于大型反应釜,需高速传热时,可在釜内安装列管式换热器。它的主要优点是单位体积所具有的传热面积大,传热效果好;此外结构简单,操作弹性较大。

4. 外部循环式

当反应器的夹套和蛇管传热面积仍不能满足工艺要求,或由于工艺的特殊要求无法在反应器内安装蛇管而夹套的传热面积又不能满足工艺要求时,可以通过泵将反应器内的料液抽出,经过外部换热器换热后再循环回反应器中。

5. 回流冷凝式

当反应在沸腾温度下进行且反应热效应很大时,可以采用回流冷凝法进行换热,即使反应器内产生的蒸汽通过外部的冷凝器加以冷凝,冷凝液返回反应器中。

采用这种方法进行传热,由于蒸汽在冷凝器中以冷凝的方式散热,可以得到很高的给热系数。

二、换热介质的选择

1. 高温热源的选择

用一般的低压饱和水蒸气加热时温度最高只能达 160 ℃ ,需要更高加热温度时则应考虑加热剂的选择问题。在化工厂常用的加热剂如下:

(1) 高压饱和蒸汽。其来源于高压蒸汽锅炉、利用反应热的废热锅炉或热电站的蒸汽。蒸汽压力可达数兆帕。用高压蒸汽作为热源的缺点是需高压管道输送蒸汽,其建设投资费用大,尤其需远距离输送时热损失也大,很不经济。

(2) 高压汽水混合物。当车间内有个别设备需高温加热时,设置一套专用的高压汽水混合物作为高温热源,可能是比较经济可行的。这种加热装置的原理,由焊在设备外壁上的高压蛇管(或内部蛇管)、空气冷却器、高温加热炉和安全阀等部分构成一个封闭的循环系统。管内充满70%的水和30%的蒸汽,形成汽水混合物。从加热炉到加热设备这一段管道内蒸汽比例高、水的比例低,而从冷却器返回加热炉这一段管道内蒸汽比例低、水的比例高,于是形成一个自然循环系统。循环速度的大小取决于加热的设备与加热炉之间的高位差及汽水比例。

这种高温加热装置适用于 200~250 ℃ 的加热要求。加热炉的燃料可用气体燃料或液体燃料,炉温为 800~900 ℃ 。炉内加热蛇管用耐温耐压合金钢管。

(3) 有机载热体。利用某些有机物常压沸点高、熔点低、热稳定性好等特点可提供高温的热源。如联苯导生油,YD、SD 导热油等都是良好的高温载热体。联苯导生油是含联苯 26.5%、二苯醚 73.5% 的低共沸点混合物,熔点 12.3 ℃ ,沸点 258 ℃ 。它的突出优点是能在较低的压力下得到较高的加热温度。在同样的温度下,其饱和蒸气压力只有水蒸气压力的几十分之一。

当加热温度在 250 ℃ 以下时,可采用液体联苯混合物加热,可有三种加热方案。

① 液体联苯混合物自然循环加热法,加热设备与加热炉之间保持一定的高位差才能使液体有良好的自然循环。

② 液体联苯混合物强制循环加热法。采用屏蔽泵或者用液下泵使液体强制循环。

③ 夹套内盛联苯混合物,将管状电热器插入液体内的加热法。这种方案常被应用于传热速率要求不太高的场合。

当加热温度超过 250 ℃ 时,可采用联苯混合物的蒸气加热。根据其冷凝液回流方法的不同,也可分为自然循环与强制循环两种方案。自然循环法设备较简单,不需使用循环泵,但要求加热器与加热炉之间有一定的位差,以保证冷凝液的自然循环。位差的高低取决于循环系统阻力的大小,一般可取 3~5 m。如厂房高度不够,可以适当放大循环液管径以减少阻力。

当受条件限制不能达到自然循环要求时,或者加热设备较多,操作中容易产生互相干扰等情况下,可用强制循环流程。

另一种较为简易的联苯混合物蒸气加热装置,是将蒸气发生器直接附设在加热设备上面。用电热棒加热液体联苯混合物,使它沸腾,产生蒸气。当加热温度小于280 ℃、蒸气压力低于0.07 MPa时,采用这种方法较为方便。

(4)熔盐。反应温度在300 ℃以上可用熔盐作载热体。熔盐的组成为53%的KNO_3,7%的$NaNO_3$,40%的$NaNO_2$(质量分数,熔点142 ℃)。

(5)电加热法。这是一种操作方便、热效率高、便于实现自控和遥控的一种高温加热方法。常用的电加热方法可以分为以下三种类型。

① 电阻加热法。电流透过电阻产生热量实现加热,可采用以下几种结构型式。

a. 辐射加热。即把电阻丝暴露在空气中,借辐射和对流传热直接加热反应釜。此种型式只能适用于不易燃易爆的操作过程。

b. 电阻夹布加热。将电阻丝夹在用玻璃纤维织成的布中,包扎在被加热设备的外壁,这样可以避免电阻丝暴露在大气中,从而减少引起火灾的危险性。但必须注意的是电阻夹布不允许被水浸湿,否则将引起漏电和短路的危险事故。

c. 插入式加热法。将管式或棒状电热器插入被加热的介质中或夹套浴中实现加热。这种方法仅适用于小型设备的加热。

电阻加热可采用可控硅电压调节器自动调节加热温度,实现较为平稳的温度控制。

② 感应电流加热。这是利用交流电路所引起的磁通量变化将被加热体中感应产生的涡流损耗变为热能。感应电流在加热体中透入的深度与设备的形状以及电流的频率有关。在化工生产中应用较方便的是用普通工业交流电产生的感应电流加热,称为工频感应电流加热法,它适用于壁厚在5~8 mm的圆筒形设备加热(高径比最好在2~4 mm),加热温度在500 ℃以下。其优点是施工简便,在易燃易爆环境中使用比其他加热方式安全,升温快,温度分布均匀。

③ 短路电流加热将低电压如36 V的交流电直接通到被加热的设备上,利用短路电流产生的热量进行高温加热。这种电加热法适用于加热细长的反应器。

(6)烟道气加热法。用煤气、天然气、石油加工废气或燃料油等燃烧时产生的高温烟道气作为热源加热设备,可用于300 ℃以上的高温加热。缺点是热效率低,传热系数小,温度不易控制。

表 2-1　常见热源类型适用温度范围及特点

种类	适用温度范围	特点
热水	100 ℃以下	可利用二次热源,节约能量。缺点是和蒸汽冷凝相比,给热系数低许多,在许多加热过程中,温度下降,不能恒定;加热的均匀性不好
低压饱和水蒸气	160 ℃以下	汽化潜热大,蒸汽消耗量相对较小;在给定压力下,冷凝温度恒定,故在必要时,可通过改变加热蒸汽的压力来调节其温度。蒸汽冷凝时的给热系数很大,能够在低的温度差下操作;价廉、无毒、无失火危险等
高压饱和水蒸气(高压饱和汽水混合物)	200～250 ℃	饱和温度与压力一一对应,且对应的压力较高,对设备的机械强度要求高,投资费用大。不够安全,且远距离输送时热损失大
高温有机物(甘油、萘、乙二醇、联苯与联苯醚的混合物、二甲苯基甲烷、矿物油和有机硅液体等)	甘油作为加热剂,用于加热220～250 ℃范围内的场合;液态联苯混合物用于加热250 ℃范围内的场合;气态联苯混合物的加热温度可达到380 ℃	甘油无毒、无爆炸危险、易得、价格较低(仅为联苯混合物的1/4),且加热均匀 联苯混合物能在较低的压力下得到较高的加热温度。热稳定性好,无爆炸危险,无腐蚀
无机熔盐	最高可达550 ℃	由于硝酸盐和亚硝酸盐混合物具有强氧化性,应避免和有机物质接触
烟道气	可达1 100 ℃	热效率低,给热系数小,温度不易控制
电加热	最高可达3 000 ℃	清洁、方便、利用率高,加热温度可精确调节

2. 低温冷源的选择

(1)冷却用水。如河水、井水、城市水厂给水等,水温随地区和季节而变。深井水的水温较低而稳定,一般在15～20 ℃,水的冷却效果好。随水的硬度不同,对换热后的水出口温度有一定限制,一般不宜超过 60 ℃,在不宜清洗的场合不宜超过 50 ℃,以免迅速生成水垢。

(2)空气。在缺乏水资源的地方可采用空气冷却,其主要缺点是给热系数低,需要的传热面积大。

(3)低温冷却剂。有些化工生产过程需要在较低的温度下进行,这种低温采用一般冷却方法难以达到,必须采用特殊的制冷装置进行人工制冷。

在制冷装置中一般多采用直接冷却方式,即利用制冷剂的蒸发直接冷却冷间内的空气,或直接冷却被冷却物体。制冷剂一般有液氨、液氮等。由于需要额外的机械能量,故成本较高。

在有些情况下则采用间接冷却方式,即被冷却对象的热量是通过中间介质传送给在蒸发器中蒸发的制冷剂。这种中间介质起着传送和分配冷量的媒介作用,称为载冷剂。常用的载冷剂有三类,即水、盐水及有机物载冷剂。

① 水比热大,传热性能良好,价廉易得,但冰点高,仅能用作制取 0 ℃以上载冷剂。

② 盐水是氯化钠及氯化钙等盐的水溶液,通常称为冷冻盐水。盐水的起始凝固温度随浓度而变。氯化钙盐水的共晶温度(−55 ℃)比氯化钠盐水低,可用于较低温度,故应用较广。氯化钠盐水及氯化钙盐水均对金属材料有腐蚀性,使用时需加缓蚀剂重铬酸钠及氢氧化钠,以使盐水的 pH 值为 7.0～8.5,呈弱碱性。

③ 有机物载冷剂适用于比较低的温度,常用的有如下几种。

a. 乙二醇、丙二醇的水溶液,乙二醇和丙二醇溶液的凝固温度随其浓度而变。

b. 甲醇、乙醇的水溶液。在有机物载冷剂中甲醇是最便宜的,而且对金属材料不腐蚀,甲醇水溶液的使用温度范围是 −35～0 ℃,相应的浓度是 15%～40%,在 −35～−20 ℃范围具有较好的传热性能。甲醇用作载冷剂的缺点是有毒和可以燃烧。乙醇无毒,但传热性能比甲醇差。

综合来讲,冷、热源的选择上还应考虑以下因素:

① 满足反应的温度要求;

② 能量消耗;

③ 安全性;

④ 环保。

第五节　反应器流动模型

根据反应特性和工艺要求初步选定反应器类型后,要进行具体的工艺设计,即要计算出反应器的有效体积,进而计算出反应器体积,并根据国家或行业化工设备标准进行选型。要进行反应器的工艺设计,必须先了解反应器的流动模型。

化工操作过程可分为间歇过程、连续过程和半连续过程。反应器中流体的流动模型是针对连续过程而言。由于真实反应器几何尺寸、操作条件、搅拌等的复杂性,使得反应器内流动十分复杂,而反应器中流体的流动直接影响反应器的性能,为此有必要讨论反应器内的流体流动。

一、反应器流动模型

为了简化反应器工艺设计,根据反应器内流体的流动状态,可以建立两种流动模型:理想流动模型和非理想流动模型。

　　流体的流动特征:主要指反应器内反应流体的流动状态、混合状态等,它们随反应器的几何结构和几何尺寸而异,影响反应速率和反应选择率,直接影响反应结果。

　　流动模型:是对反应器中流体流动与返混状态的描述,是针对连续过程而言的。研究反应器中的流体流动模型是反应器选型、计算和优化的基础。

　　(1) 理想置换流动模型。理想置换流动模型也称作平推流模型或活塞流模型,如图 2-10 所示。任一截面的物料如同汽缸活塞一样在反应器中移动,垂直于流体流动方向的任一横截面上所有的物料质点的年龄相同,是一种返混量为零的极限流动模型。其特点是,在定态情况下,沿着物料流动方

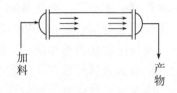

图 2-10　理想置换流动模型

向物料的参数会发生变化,而垂直于流体流动方向任一截面上物料的所有参数都相同。这些参数包括物料的浓度、温度、压力、流速等,所有物料质点在反应器中都具有相同的停留时间。长径比较大和流速较高的连续操作管式反应器中的流体流动均可视为理想置换流动。

　　(2) 理想混合流动模型。理想混合流动模型也称为全混流模型,如图 2-11 所示。由于强烈搅拌,反应器内物料质点返混程度为无穷大,所有空间位置物料的各种参数全部均匀一致。反应物料以稳定的流量进入反应器,刚进入反应器的新鲜物料与存留在其中的物料瞬间达到完全混合,而且出口处物料性质与反应器内完全相同。流体由于受搅拌的作用,进入反应器的物料质点可能有一部分立即从出口流出,停留时间很短,另有一部分可能

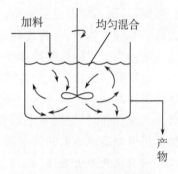

图 2-11　理想混合流动模型

刚到出口附近又被搅拌回来,致使这些物料质点在反应器中的停留时间极长。所以,物料质点在理想混合反应器中的停留时间参差不齐。搅拌十分强烈的连续操作搅拌釜式反应器中的流体流动可视为理想混合流动。

　　(3) 返混及其对反应的影响。返混不是一般意义上的混合,它专指不同时刻进入反应器的物料之间的混合,是逆向的混合,或者说是不同年龄质点之间的混合。返混是连续化后才出现的一种混合现象。间歇操作反应器中不存在返混,理想置换反应器是没有返混的一种典型的连续反应器,而理想混合反应器则是返混达到极限状态的一种反应器。

　　非理想流动反应器存在不同程度的返混,返混带来的最大影响是反应器进口处反应物高浓度区的消失或减低。下面以理想混合反应器为例来说明。对理想混合反应器而言,进口的反应物虽然具有高浓度,但一旦进入反应器内,由于存在剧烈的混合作用,进入的高浓度反应物料被迅速分散到反应器的各个部位,并与那里原有的低浓度物料相混合,使高浓度瞬间消失。可见,理想混合反应器中由于剧烈的搅

拌混合,不可能存在高浓度区。

在此需要指出的是,间歇操作釜式反应器中同样存在剧烈的搅拌与混合,但不会导致高浓度的消失,这是因为混合对象不同。间歇操作釜式反应器中彼此混合的物料是在同一时刻进入反应器的,又在反应器中同样条件下经历了相同的反应时间,因而具有相同的性质、相同的浓度,这种浓度相同的物料之间的混合当然不会使原有的高浓度消失。而连续操作釜式反应器中存在的都是早先进入反应器并经历了不同反应时间的物料,其浓度已经下降,进入反应器的新鲜高浓度物料一旦与这种已经反应过的物料相混合,高浓度自然会随之消失。因此,间歇操作和连续操作釜式反应器虽然同样存在剧烈的搅拌与混合,但参与混合的物料是不同的。前者是同一时刻进入反应器的物料之间的混合,并不改变原有的物料浓度;后者则是不同时刻进入反应器的物料之间的混合,是不同浓度、不同性质物料之间的混合,属于返混,它造成了反应物高浓度的迅速消失,导致反应器的生产能力下降。

返混改变了反应器内的浓度分布,使反应器内反应物的浓度下降,反应产物的浓度上升,这种浓度分布的改变对反应的利弊取决于反应过程的浓度效应。返混是连续操作反应器的一个重要工程因素,任何过程在连续化时必须充分考虑这个因素的影响,否则不但不能强化生产,反而有可能导致生产能力的下降或反应选择性的降低。实际工作中,应首先研究清楚反应的动力学特征,然后根据它的浓度效应确定采用恰当型式的连续操作反应器。

返混的结果将产生停留时间分布,并改变反应器内浓度分布。返混对反应的利弊视具体的反应特征而异。在返混对反应不利的情况下,要使反应过程由间歇操作转为连续操作时,应当考虑返混可能造成的危害。选择反应器的型式时,应尽量避免选用可能造成返混的反应器,特别应当注意有些反应器内的返混程度会随其几何尺寸的变化而显著增强。

返混不但对反应过程产生不同程度的影响,更重要的是对反应器的工程放大所产生的问题。由于放大后的反应器中流动状况改变,导致了返混程度的变化,给反应器的放大计算带来很大的困难。因此,在分析各种类型反应器的特征及选用反应器时都必须把反应器的返混状况作为一项重要特征加以考虑。

降低返混程度的主要措施是分割,通常有横向分割和纵向分割两种,其中重要的是横向分割。

连续操作搅拌釜式反应器,其返混程度可能达到理想混合程度。为减少返混,工业上常采用多釜串联的操作,这是横向分割的典型例子。当串联釜数足够多时,这种连续多釜串联的操作性能就很接近理想置换反应器的性能。

流化床反应器是气-固相连续操作的一种工业反应器。流化床中由于气泡运动造成气相和固相都存在严重的返混。为了限制返混,对高径比较大的流化床反应器常在其内部装置横向挡板以减少返混,而对高径比较小的流化床反应器则可设置垂直管作为内部构件,这是纵向分割的例子。

对于气-液鼓泡反应器,由于气泡搅动所造成的液体反向流动,形成很大的液相循环流量。因此,其液相流动十分接近于理想混合。为了限制气-液鼓泡反应器中液相的返混程度,工业上常采用以下措施:放置填料,即填料鼓泡塔,填料不但起分散气泡、增强气-液相间传质的作用,而且限制了液相的返混;设置多孔多层横向挡板,把床层分成若干级,尽管在每一级内液相仍然达到全混,但对整个床层来说类似于多釜串联反应器,使级间的返混受到了很大的限制;设置垂直管,既可限制气泡的合并长大,又在一定程度上起到了限制液相返混的作用。

二、非理想流动

理想流动模型是两种极端状况下的流体流动,即理想置换流动和理想混合流动,前者在反应器出口的物料质点具有相同的停留时间,也就是有相同的反应时间;而后者虽然在反应器出口的物料质点具有不同的停留时间,即存在停留时间分布,但它具有与反应器内的物料相同的停留时间分布。反应物料在这两种理想反应器中具有不同的流动模式,反应结果也就存在明显的差异。实际工业反应器中的反应物料流动模型与理想流动有所偏离,往往介于两者之间。对于所有偏高理想置换和理想混合的流动模式统称为非理想流动。显然,偏高理想流动的程度不同,反应结果也不同。实际反应器中流动状况偏离理想流动状况的原因可以归纳为下列几个方面。

（1）滞留区的存在。滞留区亦称死区、死角,是指反应器中流体流动极慢导致几乎不流动的区域。它的存在使部分流体的停留时间极长。滞留区主要产生于设备的死角中,如设备两端、挡板与设备壁的交接处以及设备设有其他障碍物的区域。滞留区的减少主要通过合理的设计来保证。

（2）存在沟流与短路。设备设计不合理,如进出口离得太近,会出现短路。固定床反应器和填料塔反应器中,由于催化剂颗粒或填料装填不匀,形成低阻力的通道,使部分流体快速从此通过,而形成沟流。

（3）循环流。实际的釜式反应器、鼓泡塔反应器和流化床反应器中均存在流体的循环运动。

（4）流体流速分布不均匀。由于流体在反应器内的径向流速分布得不均匀,造成流体在反应器内的停留时间长短不一。如管式反应器中流体呈层流流动,同截面上物料质点的流速不均匀,与理想置换反应器发生明显偏离。

（5）扩散。由于分子扩散及涡流扩散的存在而造成物料质点的混合,使停留时间分布偏离理想流动状况。

上述是造成非理想流动的几种常见原因,对一个流动系统可能全部存在,也可能是其中的几种,甚至有其他的原因。

由于理想反应器设计计算比较简单,工业生产中许多装置又可近似地按理想状况处理,故常以理想反应器设计计算作为实际反应器设计计算的基础。

第六节　均相动力学基础

一、反应器计算的基本内容和基本方程

1. 反应器计算的基本内容

反应器计算主要包括以下几项内容：① 选择合适的反应器类型；② 确定最优的操作条件；③ 计算所需的反应器体积。这三个方面内容不是孤立的，而是相互联系的，需要进行多个方案的反复比较，才能做出合适的决定。

选择合适的反应器类型，就是根据反应系统动力学特性（如反应器的浓度效应、温度效应及反应的热效应），结合反应器的流动特性和传递特性（如反应器的返混程度），选择合适的反应器，以满足反应过程的需要，使反应结果最优。

操作条件，如反应器的进口物料配比、流量、温度、压力和最终转化率等，直接影响反应器的反应结果，也影响反应器的生产能力。对正在运行的装置，因原料组成而改变，工艺参数调整是常有的事。现代化大型化工厂工艺参数的调整是通过计算机集散控制系统完成的，计算机收到参数变化的信息，根据已输入的数学模型和程序计算出结果，送给相应的执行机构，完成参数的调整。

反应器体积的确定是反应器工艺设计计算的核心内容。根据所确定的操作条件，针对所选定的反应器类型计算完成规定生产能力所需要的反应器有效体积，同时由此确定反应器的结构和尺寸。

2. 反应器计算的基本方程

反应器计算可以采用经验计算法和数学模型法。经验计算法是根据已有的生产装置定额进行相同生产条件、相同结构生产装置的工艺计算。经验计算法的局限性很大，只能在相近条件下进行反应器体积的估算。

如改变反应过程的条件或改变反应器结构，以改进反应器的设计，或者进一步确定反应器的最优结构、操作条件，经验计算法是不适用的，这时应该用数学模型法计算，根据小型实验建立的数学模型（一般需经中试验证），结合一定的求解条件——边界条件和初始条件，预计大型设备的行为，实现工程计算。数学模型法计算的基础是描述化学过程本质的动力学模型以及反应传递过程特性的传递模型。基本方法是以实验事实为基础建立上述模型并建立相应的求解边界条件，然后求解。

反应器计算的基本方程包括：① 描述浓度变化的物料衡算式；② 描述温度变化的热量衡算式；③ 描述压力变化的动量衡算式；④ 描述反应速率变化的动力学方程式。

① 物料衡算式

物料衡算式以质量守恒定律为基础，是计算反应器体积的基本方程。它给出反

应物浓度或转化率随反应器位置或反应时间变化的函数关系。对任何类型的反应器,若已知其传递特性,都可以取某一反应组分或产物进行物料恒算。如果反应器内的参数是均一的,则可取整个反应器建立衡算式。如果反应器内参数是变化的,可认为在反应器的微元体积内参数是均一的,则微元时间内取微元体积建立衡算式:

$$\begin{bmatrix} 微元时间内 \\ 进入微元体积 \\ 的反应物量 \end{bmatrix} = \begin{bmatrix} 微元时间内 \\ 离开微元体积 \\ 的反应物量 \end{bmatrix} + \begin{bmatrix} 微元时间微元 \\ 体积内转化掉 \\ 的反应物量 \end{bmatrix} + \begin{bmatrix} 微元时间微元 \\ 体积内反应物 \\ 的累积量 \end{bmatrix} \tag{2-1}$$

式 2-1 是一个普遍式,无论对流动系统还是间歇系统都适用,不同情况下可进行相应简化。

② 热量衡算式

热量衡算式以能量守恒与转换定律为基础,它给出了温度随反应器位置或反应时间变化的函数关系,反应换热条件对过程的影响。当过程恒温时,反应器有效体积的计算不需要热量衡算式,但是要维持恒温条件而应交换的热量和所需的换热面积却必须有热量衡算式。微元时间对微元体积所做的热量恒算如式 2—2 所示:

$$\begin{bmatrix} 微元时间内随 \\ 物料进入微元 \\ 体积的热量 \end{bmatrix} = \begin{bmatrix} 微元时间内随 \\ 物料离开微元 \\ 体积的热量 \end{bmatrix} - \begin{bmatrix} 微元时间微元 \\ 体积内由于反 \\ 应产生的热量 \end{bmatrix} + \begin{bmatrix} 微元时间内微元 \\ 体积传递至环境 \\ 或热载体的热量 \end{bmatrix} + \begin{bmatrix} 微元时间微 \\ 元体积内累 \\ 计的热量 \end{bmatrix}$$

$$\tag{2-2}$$

式 1-2 也是普遍式,不同情况下也可进行相应简化。

③ 动量衡算式

动量衡算式以动量守恒与转化定律为基础,计算反应器的压力变化。当气相流动反应器的进出口压差很大,以致影响到反应组分浓度时,就要考虑流体的动量恒算。一般情况下,反应器计算可以不考虑此项。

④ 动力学方程式

对于均相反应,需要本征动力学方程;对于非均相反应,应该包括相际传递过程在内的宏观动力学方程。

物料衡算式和动力学方程式是描述反应器性能的两个最基本的方程式。

二、均相反应速率及动力学方程

均相反应是指在均一的液相或气相中进行的化学反应,其特点是在反应物系中不存在相界面。均相反应有很广泛的应用范围,如烃类的热裂解为典型的气相均相反应,而酸碱中和、酯化、皂化等则为典型的液相均相反应。均相反应体系的动力学规律具有一定的通性,均相反应动力学是解决工业均相反应器的选型、操作与设计计算的重要理论基础。

1. 均相反应速率

均相反应速率的定义是指在均相反应系统中某一物质在单位时间、单位反应混合物总体积中的变化量,反应速率单位以 $kmol/(m^3 \cdot h)$ 表示。随着反应的进行,反应物不断减少,产物不断增多,各组分的浓度或摩尔分数不断变化,所以反应速率是指某一瞬间(或某一微元空间)状态下的"瞬时反应速率"。

$$例:CH_4+H_2O=CO+3H_2$$

$$v_AA+v_BB=v_RR+v_SS$$

反应物 A 的消耗速率为

$$-r_A=-\frac{1}{V}\frac{dn_A}{dt}$$

产物 P 的生成速率为

$$r_P=\frac{1}{V}\frac{dn_P}{dt}$$

恒容条件下:

$$c_A=\frac{n_A}{V},dc_A=-\frac{dn_A}{V}$$

则

$$-r_A=-\frac{dc_A}{dt}$$

此式也表示了反应物或产物浓度的变化。

若无副反应,反应物与产物的浓度变化符合化学反应计量关系:

$$\frac{-r_A}{V_A}=\frac{-r_B}{V_B}=\frac{r_P}{V_P}=\frac{r_S}{V_S}$$

常以 $(-r_A)$ 来表示某反应的化学反应速率。主要反应物 A 为关键组分,它在理论上转化率可达到100%,是反应体系中价值相对较高的反应物。它的转化率直接影响反应过程的经济效益。

2. 化学动力学方程

定量描述反应速率与影响反应速率因素之间关系的方程式称为化学动力学方程。影响反应速率的因素有反应温度、组成、压力、溶剂与催化剂的性质等。然而对于绝大多数的反应,最主要的影响因素是反应物的浓度和反应温度。因而化学动力学方程一般都可以写为

$$r=f(T,c)$$

式中,T 表示反应过程中的温度;c 为浓度,表示影响反应速率的组分不止一个。对一个由几个组分组成的反应系统,其反应速率与各个组分的浓度都有关系。当然,各个反应组分的浓度并不都是相互独立的,它们受化学计量方程和物料衡算关系的约束。

(1) 基元方程。对于基元反应(即反应物分子按化学反应式在碰撞中一步直接转化为生成物分子的反应),可以根据质量作用定律写出动力学方程。

对于基元反应 $v_AA+v_BB=v_RR+v_SS$,动力学方程可写为:

$$(-r_A)=kc_A^{v_A}c_B^{v_B}$$

对于气相反应而言,反应物的浓度通常情况下是用反应物的分压或摩尔分数来表示,因此,动力学方程式可表示为:

$$(-r_A)=ky_A^{v_A}y_B^{v_B}$$

一般情况下,大多数反应都是非基元反应。而非基元反应是不能直接根据质量作用定律写出动力学方程的。但非基元反应可以看成若干个基元反应的综合结果,因此可以把非基元反应分为几个基元反应,选取其中一个基元反应为控制步骤,一般为对反应起决定性作用的那一个基元反应即反应速率最慢的那一个基元反应,其余各步基元反应达到平衡。然后根据质量作用定律推导出动力学方程。

(2)反应级数。反应级数是指动力学方程式中浓度项的指数,它是由试验确定的常数。对基元反应,反应级数 v_A,v_B 即等于化学反应式的计量系数值;而对于非基元反应,都应通过实验来确定。一般情况下,反应级数在一定温度范围内保持不变,它的绝对值不会超过 3,但可以是分数,也可以是负数。反应级数的大小反映了该物料浓度对反应速率影响的程度。反应级数的绝对值越大,则该物料浓度的变化对反应速率的影响越显著。如果反应级数等于零,在动力学方程式中该物料的浓度项就不出现,说明该物料浓度的变化对反应速率没有影响。如果反应级数为正值,说明随着该物料浓度的增加反应速率增加,通常称为正常反应;如果反应级数是负值,说明该物料浓度的增加反而抑制了反应,使反应速率下降,通常称为反常反应。总反应级数等于各组分反应级数之和。

因此,反应级数的高低并不能单独决定反应速率的快慢,只是反映了反应速率对物料浓度的敏感程度。级数越高,物料浓度对反应速率的影响越大。这可以为选取合适的反应器提供依据。

(3)反应速率常数。反应速率常数也称反应的比速率,即动力学方程式中的 k 值。它等于所有反应组分的浓度为 1 时的反应速率值。它的单位与反应的级数有关,如一级反应,它的单位为 1/h;二级反应,单位则为 $m^3/(kmol \cdot h)$。

k 值的大小直接决定了反应速率的高低和反应进行的难易程度。不同的反应有不同的反应速率常数,对于同一个反应,速率常数随温度、溶剂、催化剂的变化而变化。其中温度是影响反应速率常数的主要因素。温度对速率常数的影响可用阿累尼乌斯方程描述:

$$k = k_o \cdot \exp(-E/RT)$$

式中,k_o 为频率因子;E 为活化能,J/mol;R 为通用气体常数,8.314 J/(mol·K)。

活化能 E 的物理意义是指把反应物分子"激发"到可进行反应的"活化状态"所需要的能量。由此可见活化能的大小是表征化学反应进行难易程度的标志。活化能高,反应难以进行;活化能低,则容易进行。活化能 E 不仅决定反应的难易程度,它还决定了反应速率对温度的敏感程度。活化能越大,温度对反应速率的影响就越显著,即温度的改变会使反应速率发生较大的变化。例如在常温下,若反应活化能为 42 kJ/mol,则温度每升高 1 ℃,反应速率常数约增加 5%;如果活化能为 126 kJ/mol,则将增加 15% 左右。当然,这种影响的程度还与反应的温度水平有关。对于同一反应,即当活化能 E 一定时,反应速率对温度的敏感程度随着温度的升高而降低。例如反应活化能 150 kJ/mol,当反应温度由 300 K 上升 10 K 时,反应速率增加了 7 倍;而当温度由 400 K 上升了 10 K 时,反应速率却只增加了 3 倍,即高温时温度对反应速率的影响不如低温时影响大。

由阿累尼乌斯方程可知,若按 $\ln k$ 对 $1/T$ 标绘,即得斜率为 E/R 的直线。

$$\ln k = \ln k_0 - \frac{E}{RT}$$

如果在实验条件下测得不同温度下的反应速率值,就可以求出 E 值。

由此可见,影响反应速率的因素主要是温度和反应物的浓度。而温度的影响尤为重要。一般情况下,温度升高,反应速率是增加的。但对于可逆反应而言,则需要具体问题具体分析。因为可逆反应的速率等于正逆反应速率之差,温度升高,正逆反应速率均升高,但正逆反应速率差值的变化却不一定升高。通过对可逆反应速率的计算,可以知道:对于可逆吸热反应,反应速率是随着温度的升高而增加的;而对于可逆放热反应则不然。可逆放热反应随着温度的增加,反应速率的变化规律是先增加然后再下降,存在一极大值。因此,对于可逆放热反应而言,若要提高反应速率,不一定要增加反应温度,因为可逆放热反应存在一最佳温度,在最佳温度下进行时,反应速率最大。

(4)反应进度。反应进度是用某个组分在反应前后的物质的量的变化与计量系数的比值来定义的,用 ζ 表示。反应速度描述的是反应进行的深度。

$$\zeta = \frac{n_1 - n_{10}}{V_1} = \cdots = \frac{n_i - n_{i0}}{V_i} = \frac{n_A - n_{A0}}{V_A}$$

对于任一组分 ζ 值均一致,恒为正。

$$x_i = \frac{V_i \zeta}{n_{i0}} \quad x_A = \frac{V_A \zeta}{n_{A0}}$$

(5)反应转化率。用关键组分 A 的转化率 x_A 来表示反应进行的程度。定义为:

$$x_A = \frac{[反应转化掉物料 A 的物质的量]}{[反应开始时物料 A 的物质的量]} = \frac{n_{A0} - n_A}{n_{A0}}$$

3. 均相简单反应动力学方程

(1)不可逆反应。

对于反应

$$A \rightarrow P$$

反应速率方程为

$$-r_A = -\frac{\mathrm{d}c_A}{\mathrm{d}t} = k c_A^n$$

① 若 $n=1$,反应为一级反应;等温,k 为常数;恒容,$c = n/V$。

分离变量积分,初始条件 $t=0$,$c_A = c_{A,0}$,则有

$$kt = \ln \frac{c_{A0}}{c_A} = \ln\left(\frac{1}{1-x_A}\right)$$

② 若 $n=2$,为二级不可逆反应,等温、恒容,积分后有

$$kt = \frac{1}{c_A} - \frac{1}{c_{A0}} = \frac{1}{c_{A0}}\left(\frac{x_A}{1-x_A}\right)$$

（2）可逆反应。

$$A \underset{k_2}{\overset{k_1}{\Longleftrightarrow}} P$$

若正、逆反应均为一级反应，则

正反应速率 $r_1 = k_1 c_A$；

逆反应速率 $r_2 = k_2 c_P$；

若 $c_{P,0} = 0$，则总的反应速率

$$-r_A = -\frac{\mathrm{d}c_A}{\mathrm{d}t} = k_1 c_A - k_2 c_P$$

积分，得

$$(k_1 + k_2)t = \ln \frac{c_{A0} - c_{Ae}}{c_A - c_{Ae}}$$

（3）转化率积分式、浓度积分式的区别。若着眼于反应物料的利用率，或者着眼于减轻后分离的任务，应用转化率积分表达式较为方便；若要求达到规定的残余浓度，即为了适应后处理工序的要求，例如有害杂质的去除即属此类，应用浓度积分表达式较为方便。

4. 复合反应动力学方程

用两个或多个独立的计量方程来描述的反应即为复合反应。

如果几个反应都是相同的反应物按各自的计量关系同时发生的反应则称为平行反应。

$$A + B \underset{\searrow}{\overset{\nearrow}{}} \begin{matrix} C \\ P + S \end{matrix}$$

如果几个反应是依次发生的，此反应为串联反应。

$$A + B \longrightarrow P \Longrightarrow R + S$$

（1）复合反应动力学的求取方法：

① 将复合反应分解为若干个单一反应，并按单一反应过程求得各自的动力学方程。

② 在复合反应系统中，某一组分对化学反应的贡献通常用该组分的生成速率来表示。

某一组分可能同时参与若干个单一反应时，该组分的生成速率应该是其在各个单一反应中的生成速率之和。

（2）平行反应的动力学方程：

$$V_{A,1} A \longrightarrow V_P P \quad （主）$$

$$V_{A,2} A \longrightarrow V_S S （副）$$

假设其均为一级不可逆反应，其微分速率方程：

$$-r_{A,1} = k_1 c_A \quad （主）$$

$$-r_{A,2}=k_2 c_A \quad (\text{副})$$

反应物 A 的总反应速率 $-r_A$ 为：

$$-r_A=-r_{A,1}+(-r_{A,2})=(k_1+k_2)c_A$$

$$r_P=\frac{\mathrm{d}c_P}{\mathrm{d}t}=(-r_{A,1})=k_1 c_A$$

$$r_S=\frac{\mathrm{d}c_S}{\mathrm{d}t}=k_2 c_A$$

对 $-\dfrac{\mathrm{d}c_A}{\mathrm{d}t}=(k_1+k_2)c_A$ 积分得 $\ln\dfrac{c_{A,0}}{c_A}=(k_1+k_2)t$

由 $\ln\dfrac{c_A}{c_{A0}}=-(k_1+k_2)t \Rightarrow c_A=\exp[-(k_1+k_2)t]c_{A0}$

$$c_P-c_{P0}=\frac{k_1}{k_1+k_2}(c_{A0}-c_A)=[1-\exp[-(k_1+k_2)t]]c_{A0}$$

$$c_S-c_{S0}=\frac{k_2}{k_1+k_2}\{1-\exp[-(k_1+k_2)t]\}c_{A0}$$

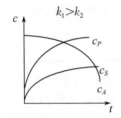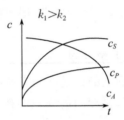

图 2-12　一级平行反应中反应物与产物浓度的变化

总结：① 各平行反应均为一级不可逆，则 c_A-t 仍具有一级不可逆反应的特征，可由 $\ln\left(\dfrac{c_A}{c_{A0}}\right)$ 对 t 坐标图上的直线斜率为 k_1+k_2。

② 反应的收率和选择性均与组分的浓度无关而仅是温度的函数，若 $E_1>E_2$，则应提高温度而与浓度无关。

③ $\dfrac{c_P-c_{P0}}{c_S-c_{S0}}=\dfrac{k_1}{k_2}$ 它表明两产物反应量的比值仅是温度的函数，在将 c_P-c_{P0} 对 c_S-c_{S0} 作图得一直线，其斜率为 k_1/k_2，结合 (k_1+k_2) 分别求得 k_1 和 k_2。

（3）串联反应的动力学方程：

$$A \xrightarrow{k_1} P \xrightarrow{k_2} S(\text{均为一级反应})$$

假定：各计量系数为1，均为等温定容反应。

各反应组分的速率方程：

$$-r_A=-\frac{\mathrm{d}c_A}{\mathrm{d}t}=k_1 c_A$$

$$r_P=\frac{\mathrm{d}c_P}{\mathrm{d}t}=k_1 c_A-k_2 c_P$$

$$r_S=\frac{\mathrm{d}c_S}{\mathrm{d}t}=k_2 c_P$$

$$\frac{\mathrm{d}c_P}{\mathrm{d}t} = k_1 c_A - k_2 c_P = k_1 c_{A0} \exp(-k_1 t) - k_2 c_P$$

$$\mathrm{d}c_P = k_1 c_{A0} \exp(-k_1 t)\mathrm{d}t - k_2 c_P \mathrm{d}t$$

乘以 $\exp(k_2 t)$

$$\exp(k_2 t)\mathrm{d}c_P + k_2 c_P \exp(k_2 t)\mathrm{d}t = k_1 c_{A0} \exp(k_2 - k_1)t\mathrm{d}t$$

$$\mathrm{d}[c_P \exp(k_2 t)] = k_1 c_{A0} \exp(k_2 - k_1)t\mathrm{d}t$$

$$c_P \exp(k_2 t) - c_{P0} = \frac{k_1 c_{A0}}{k_2 - k_1}[\exp(k_2 - k_1)t - 1]$$

$$\frac{c_P}{c_{A0}} = \frac{k_1}{k_2 - k_1}[\exp(-k_1 t) - \exp(-k_2 t)] + \frac{c_{P0}}{c_{A0}}\exp(-k_2 t)$$

积分有 $\ln \dfrac{c_{A0}}{c_A} = k_1 t \Rightarrow \dfrac{c_A}{c_{A0}} = \exp[-k_1 t]$

$$\frac{c_P}{c_{A0}} = \frac{k_1}{k_2 - k_1}[\exp(-k_1 t) - \exp(-k_2 t)] + \frac{c_{P0}}{c_{A0}}\exp(-k_2 t)$$

物料衡算 $\qquad c_S - c_{S0} = (c_{A0} - c_A) - (c_P - c_{P0})$

或 $c_S - c_{S0} = c_{A0}[1 - \exp(-k_1 t)] - \dfrac{k_1 c_{A0}}{k_2 - k_1}[\exp(-k_1 t) - \exp(-k_2 t)] - c_{P0}[\exp$

$(-k_2 t) - 1]$ 当原始反应混合物中无 P 和 S,则

$$\frac{c_P}{c_{A0}} = \frac{k_1}{k_2 - k_1}[\exp(-k_1 t) - \exp(-k_2 t)]$$

$$\frac{c_S}{c_{A0}} = 1 + \frac{k_1 \exp(-k_2 t) - k_2 \exp(-k_1 t)}{k_2 - k_1}$$

各组分的浓度随时间变化曲线如图 2-13 所示。

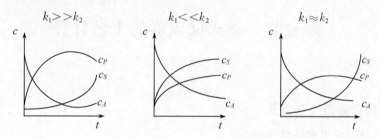

图 2-13　一级不可逆连串反应中反应物与产物的浓度变化

区别平行反应和串联反应的方法是初始速度法。对于前者产物 S 的初始速率不为零;判断串联反应中是否有可逆反应,则只需反应物长期放置后,再检验物系中是否仍有组分 A 和中间产物 P 存在,如有则可逆。

（4）复合反应的收率与选择性。

单一反应:利用转化率即可确定反应物转化量与产物生成量之间的关系（原因:产物与反应物满足反应式的化学计量关系）。

复合反应:反应物与产物之间的定量关系要受多个反应动力学参数的影响,仅根据转化率无法确定每种产物的量。

故需引入一个表达反应物与产物之间定量关系的量,即收率或选择率。

① 收率:

表示生成目的产物 P 的物质的量与进入系统的关键组分 A 的物质的量之比,用 Y 表示。

$$Y = \frac{[生成目的产物消耗关键组分的物质的量]}{[进入反应系统关键组分的物质的量]} = \frac{n_P - n_{P0}}{n_{A0}} \frac{V_A}{V_P}$$

恒容: $Y = \dfrac{c_P - c_{P0}}{c_{A0}} \cdot \dfrac{V_A}{V_P}$

② 选择率:

生成目的产物 P 所消耗关键组分的物质的量与反应消耗关键组分的总物质的量之比,用 ϕ 表示:

$$\phi = \frac{[生成目的产物消耗关键组分的物质的量]}{[反应消耗关键组分的物质的量]} = \frac{(n_P - n_{P0}) \cdot \dfrac{V_A}{V_P}}{n_{A0} - n_A}$$

恒容条件下 $\qquad \phi = \dfrac{c_P - c_{P0}}{c_{A0} - c_A} \cdot \dfrac{V_A}{V_P} \quad$ ($\phi = 1$,副产物为 0)

收率与选择率之间关系:

$$Y = \phi \cdot x_A \text{ 或 } \frac{Y}{\phi} = x_A$$

$$x_P = \frac{n_P - n_{P0}}{n_{A0}} = \frac{\alpha_P \xi_P}{n_{A0}} = \phi_P x_A$$

第七节　釜式反应器的工艺计算

一、间歇釜的工艺计算

1. 间歇釜的工艺计算方程

由物料恒算求出生产时每小时需处理的物料体积后,即可进行反应釜的体积和数量的计算。计算时,在反应釜体积 V 和数量 n 这两个变量中必须先确定一个。由于数量一般不会很多,通常可以用几个不同的 n 值来算出相应的 V 值,然后再决定采用哪一组 n 和 V 值比较合适。

从提高劳动生产率和降低设备投资来考虑,选用体积大而台数少的设备比选用体积小而台数多的设备有利,但是还要考虑其他因素,做全面比较。例如,大体积设备的加工和检修条件是否具备,厂房建筑条件(如厂房的高度、大型设备的支撑构件等)是否具备,有时还要考虑大型设备的操作工艺和生产控制方法是否成熟。

（1）给定 V，求 n_0。

按照每天需操作的批次为

$$\alpha = \frac{24V_0}{V_R} = \frac{24V_0}{V\phi} \tag{2—3}$$

式中，α 为每天操作批次；V_0 为每小时处理的物料体积，m^3/h；V_R 为反应器有效体积，即反应区域，m^3；V 为反应器体积，m^3；ϕ 为设备装料系数。

设备中物料所占体积即反应器有效体积 V_R 与设备实际体积即反应器体积 V 之比称为设备装料系数，以符号 ϕ 表示，其具体数值根据实际情况而变化，可参考表 2-2。

表 2-2　设备装料系数

条件	装料系数 ϕ 的范围
不带搅拌或搅拌缓慢的反应釜	0.8～0.85
带搅拌的反应釜	0.7～0.8
易起泡沫和在沸腾下操作的设备	0.4～0.6
贮槽和计量槽（液面平静）	0.85～0.9

每天每台反应釜可操作的批次为

$$\beta = \frac{24}{t} = \frac{24}{\tau + \tau'} \tag{2-4}$$

操作周期 t 又称工时定额，是指生产每一批物料的全部操作时间。由于间歇反应器是分批操作，其操作时间由两部分构成：一是反应时间，用 τ 表示；二是辅助时间，即装料、卸料、检查及清洗设备等所需时间，用 τ' 表示。

生产过程需用的反应釜数量 n' 可按式(2-5)计算：

$$n' = \frac{\alpha}{\beta} = \frac{V_0(\tau + \tau')}{\phi V} \tag{2-5}$$

由式(1-5)计算得到的 n' 值通常不是整数，需归整成整数 n。这样反应釜的生产能力较计算要求提高了，其提高程度称为生产能力的后备系数，以 δ 表示，即

$$\delta = \frac{n}{n'} \tag{2-6}$$

后备系数一般在 1.1～1.15 较为合适。

反应器有效体积 V_R 按式(2-7)计算：

$$V_R = \phi V = V_0(\tau + \tau') \tag{2-7}$$

（2）给定 n，求 V_0。

有时由于受生产厂房面积的限制或工艺过程的要求，先确定了反应釜的数量 n，此时每台反应釜的体积可按式(2-8)求得：

$$V = \frac{V_0(\tau + \tau')\delta}{n\phi} \tag{2-8}$$

2. 间歇釜反应时间的求取方法

间歇操作是非定态操作，反应物一次加入反应器，经历一定的反应时间达到所

要求的转化率后,产物一次卸出,生产是分批进行的。在反应期间,反应器中没有物料进出。以 $A{\to}R$ 反应为例,釜内组分的浓度随反应时间而变化,如图 2-14 所示。显然,组分 A 的转化率也随反应时间的延长而增加。

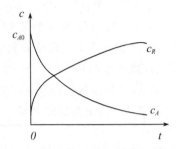

图 2-14　间歇釜式反应器内物料浓度随时间的变化

在反应器中,由于剧烈搅拌,反应物系的组成、温度、压力等参数在每一瞬间都是均匀一致的,对于整个反应器以原料 A 组分进行物料衡算。由于反应期间没有物料进出,根据物料衡算式(2-1)

$$\begin{bmatrix}微元时间内\\进入微元体积\\的反应物量\end{bmatrix}=\begin{bmatrix}微元时间内\\离开微元体积\\的反应物量\end{bmatrix}+\begin{bmatrix}微元时间微元\\体积内转化掉\\的反应物量\end{bmatrix}+\begin{bmatrix}微元时间微元\\体积内反应物\\的累积量\end{bmatrix}$$

有　　　　　　　　　　$0=0+(-r_A)V_R\mathrm{d}\tau+\mathrm{d}n_A$

即　　　　　　　　　　$(-r_A)V_R\mathrm{d}\tau+\mathrm{d}n_A=0$　　　　　　　　　(2-9)

式中,$-r_A$ 为反应速率,$\mathrm{kmol/(m^3\cdot h)}$;$V_R$ 为反应器的有效体积,$\mathrm{m^3}$;n_A 为当转化率为 x_A 时反应器内组分 A 的物质的量,kmol。

以 n_{A0} 表示反应器内最初物质的量,则得

$$\mathrm{d}n_A=\mathrm{d}[n_{A0}(1-x_A)]=-n_{A0}\mathrm{d}x_A$$

将上式代入式(2-9)并整理,积分得

$$\tau=n_{A0}\int_{x_{A0}}^{x_{Af}}\frac{\mathrm{d}x_A}{(-r_A)V_R}\qquad\qquad(2\text{-}10)$$

式中,n_{A0} 为反应开始时反应器内组分 A 的物质的量,kmol;x_{A0} 为初始转化率;x_{Af} 为最终转化率。

式(2-10)是计算间歇操作釜式反应器中反应时间的通式,表达了在一定操作条件下为达到所要求的转化率 x_{Af} 所需的反应时间 τ。它适用于任何间歇反应过程,均相或非均相,恒温或非恒温,但对于非恒温过程需结合反应器的热量衡算求解。

(1)恒容恒温间歇反应。在恒容条件下,反应器有效体积 V_R 为常数,即反应过程中物料体积不变,可用组分 A 的初始浓度表示式(2-10),有

$$\tau=c_{A0}\int_{x_{A0}}^{x_{Af}}\frac{\mathrm{d}x_A}{(-r_A)}\qquad\qquad(2\text{-}11)$$

式中,c_{A0} 为组分 A 的初始浓度,$\mathrm{kmol/m^3}$。

因为在恒容下有 $c_A=c_{A0}(1-x_A)$,则 $\mathrm{d}c_A=-c_{A0}\mathrm{d}x_A$,并代入式(2-11),有

$$\tau=-\int_{c_{A0}}^{c_A}\frac{\mathrm{d}c_A}{-r_A} \tag{2-12}$$

式中,c_A 为当转化率为 x_A 时组分 A 的浓度,$\mathrm{kmol/m^3}$。

从式(2-11)中可以得到一个非常重要的结论:间歇操作釜反应器达到一定转化率所需的反应时间只取决于过程的反应速率,而与反应器的大小无关。反应器的大小仅取决于反应物料的处理量。当利用中间试验数据计算大型装置时,只要保证两种情况下化学反应速率的影响因素相同,就可以做到高倍数放大。

在液相反应中,由于反应物料的体积变化不大,所以多数液相反应都可以按恒容过程计算。

【例 2-1】 在搅拌良好的间歇操作釜式反应器中,用乙酸和丁醇生产乙酸丁酯,其反应式为:

$$\mathrm{CH_3COOH+C_4H_9OH\longrightarrow CH_3COOC_4H_9+H_2O}$$

反应在等温下进行,温度为 100 ℃,进料配比为乙酸/丁醇＝1：4.97(物质的量比),以少量硫酸为催化剂。当使用过量丁醇时,其动力学方程式为 $-r_A=kc_A^2$。下标 A 表示乙酸。在上述条件下,反应速度常数 $k=1.04\ \mathrm{m^3/(kmol\cdot h)}$,反应物密度 ρ 为 $750\ \mathrm{kg\cdot m^{-3}}$,并假设反应前后不变。若每天生产 2 400 kg 乙酸丁酯(不考虑分离过程损失),要求乙酸转化率为 50%,每批非生产时间为 0.5 h,试计算反应器的有效体积和反应器体积。取反应釜台数为 1,装料系数 ϕ 为 0.7。

解: ① 计算反应时间。以 $-r_A=kc_A^2$ 带入式(1-12),积分得

$$\tau=c_{A0}\int_{x_{A0}}^{x_{Af}}\frac{\mathrm{d}x_A}{(-r_A)}=c_{A0}\int_{x_{A0}}^{x_{Af}}\frac{\mathrm{d}x_A}{k(1-x_A)^2}=\frac{x_{Af}}{kc_{A0}(1-x_{Af})}$$

乙酸和丁酯的相对分子质量分别为 60 和 74,故得乙酸的初始浓度为

$$c_{A0}=\frac{1\times750}{1\times60+4.97\times74}=1.75(\mathrm{kmol/m^3})$$

则反应时间为:

$$\tau=\frac{0.5}{1.04\times1.75\times(1-0.5)}=0.55(\mathrm{h})$$

② 计算反应器有效体积。要求每天生产 2400 kg 乙酸丁酯,其相对分子质量为 116,则每小时乙酸用量:

$$\frac{2400}{24\times116}\times\frac{1}{0.5}\times60=103(\mathrm{kg/h})$$

每小时处理总原料量为

$$103+\frac{103}{60}\times4.97\times74=734(\mathrm{kg/h})$$

每小时处理原料体积为

$$V_0=\frac{734}{750}=0.98(\mathrm{m^3/h})$$

故反应器有效体积为

$$V_R=0.98(0.55+0.5)=1.04(\mathrm{m^3})$$

③ 计算反应器体积。根据装料系数定义,反应器体积为

$$V = \frac{V_R}{\phi} = \frac{1.04}{0.7} = 1.49(\text{m}^3)$$

对于其他各种不同反应的动力学方程式都可以代入式(2-11)或式(2-12)进行积分计算,便可求得反应时间和转化率的关系。当动力学方程解析式相当复杂或不能做数值积分时,可以图解积分法计算所需反应时间,如图 2-15 所示。

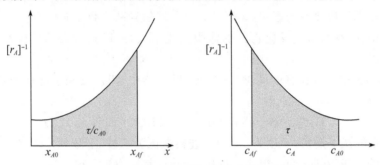

图 2-15　间歇反应器恒温过程图解计算

(2) 恒容非恒温间歇反应。对于间歇操作釜式反应器要做到绝对恒温是极其困难的。当反应热效应不大时,近似恒温是可以做到的,但当反应热效应很大时就很难做到。另一方面,对于许多化学反应,恒温操作的效果不如变温操作好。所以,研究变温操作具有重要的意义。

温度是影响反应器操作的最敏感因素,它对转化率、收率、反应速率以及反应器的生产能力都有影响。温度不同,反应系统的物理性质也不同,从而影响到传热和传质速率及搅拌器的功率。因此,对间歇操作反应器而言,确定反应过程温度和时间的关系十分必要,这是进行反应器计算、分析和操作所必不可少的。

间歇反应中,温度与时间的关系可由热量衡算式来确定。

由于反应器内物料具有相同的温度,因此,根据式(2-2):

$$\begin{bmatrix} 微元时间内随 \\ 物料进入微元 \\ 体积的热量 \end{bmatrix} = \begin{bmatrix} 微元时间内随 \\ 物料离开微元 \\ 体积的热量 \end{bmatrix} - \begin{bmatrix} 微元时间微元 \\ 体积内由于反 \\ 应产生的热量 \end{bmatrix} + \begin{bmatrix} 微元时间内微元 \\ 体积传递到环境 \\ 或热载体的热量 \end{bmatrix} + \begin{bmatrix} 微元时间微 \\ 元体积内累 \\ 计的热量 \end{bmatrix}$$

有 $0 = 0 - (-\Delta H_A)(-r_A)V_R d\tau + KA(T - Ts)d\tau + m_t c_{pt} dT$

即

$$m_t c_{pt} \frac{dT}{d\tau} = (-\Delta H_r)(-r_A)V_R + k_A(T_s - T) \tag{2-13}$$

式中,m_t 为反应物料总质量,kg;c_{pt} 为物料的平均定压比热容,kJ/(kg·K);$-\Delta H_A$ 为化学反应热,kJ/kmol;$-r_A$ 为反应速率,kmol/(m³·s);K 为传热系数,kW/(m²·K);A 为传热面积,m²;T 为反应液体温度,K;T_s 为传热介质温度,K。

式(2-13)即为间歇操作釜式反应器中反应物料的温度与时间的关系式。对于变温过程,由于 $(-r_A)$ 为温度和转化率的函数,只有知道反应过程的温度随时间的变化关系,才能确定 $(-r_A)$。所以,变温间歇反应器的计算,必须将物料衡算式和热量衡算式联立求解,方可求得反应的转化率、温度和反应时间的关系。将物料衡算式

(2-1)代入式(2-13)可得

$$m_t c_{pt} \frac{dT}{d\tau} = (-\Delta H_A) n_{A0} \frac{dx_A}{d\tau} + KA(T_s - T) \tag{2-14}$$

由此可知,对于一定的反应系统而言,温度与转化率的关系取决于系统与换热介质的换热速率。

由式(2-14)得

$$m_t c_{pt} \int_{T_0}^{T} dT = \int_{x_{A0}}^{x_{Af}} (-\Delta H_A) n_{A0} dx_A + \int_{0}^{\tau} KA(T_s - T) d\tau$$

即

$$m_t c_{pt}(T - T_0) - (-\Delta H_A) n_{A0} (x_{Af} - x_{A0}) = \int_{0}^{\tau} KA(T_s - T) d\tau \tag{2-15}$$

式中,T_0 为反应开始时的物料温度,K。

当反应在绝热条件下进行时,传热项为零,于是式(2-15)变为

$$T - T_0 = \frac{(-\Delta H_A) n_{A0}}{m_t c_{pt}} (x_{Af} - x_{A0}) \tag{2-16}$$

由式(2-16)可知,绝热反应过程的热量衡算式通过积分而变成反应温度与转化率的代数式,且这一关系为线性关系,称为绝热方程式。式(2-16)可以写成:

$$T - T_0 = \lambda(x_{Af} - x_{A0}) \tag{2-17}$$

式中,$\lambda = \frac{(-\Delta H_A) n_{A0}}{m_t c_{pt}}$,称为绝热温升,其意义为当反应系统中的组分 A 全部转化时系统温度升高(放热)或降低(吸热)的度数。c_{pt} 为常数时,λ 也为常数。

式(2-17)为线性关系式,否则 T 与 x_{Af} 为非线性关系。当 $x_{A0} = 0$,式(2-17)变为

$$T = T_0 + \lambda x_{Af} \tag{2-18}$$

在这种情况下,把式(2-18)得到的温度与转化率之间的关系代入方程式(2-2),则式(2-2)变成只含有 $(-r_A)$ 的微分方程,解此微分方程即可得到反应时间,或用图解法求得反应时间,如图 2-16 所示。

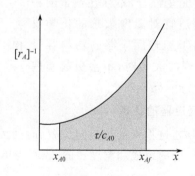

图 2-16 间歇反应器非恒温过程图解计算

3. 间歇操作釜式反应器直径和高度的计算

一般搅拌反应釜的高度与直径之比 $H/D = 1.2$ 左右,如图 2-17 所示。釜盖与釜底采用椭圆形封头,如图 2-18 所示,图中注明的封头体积($V = 0.131D^3$)不包括直

边高度(25~50 mm)的体积在内。

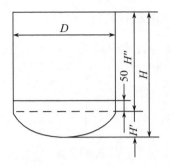

图 2-17 反应釜的主要尺寸

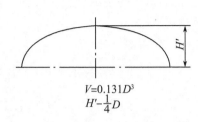

$V=0.131D^3$

$H'=\frac{1}{4}D$

图 2-18 椭圆形封头

由工艺计算决定了反应器的体积后,即可按式(2-19)求得其直径与高度:

$$V=\frac{\pi}{4}D^2H''+0.131D^3 \tag{2-19}$$

所求得的圆筒高度及直径需要归整,并检验装料系数是否合适。

确定了反应釜的主要尺寸后,其壁厚、法兰尺寸以及手孔、视镜、工艺接管口等均可按工艺条件从国家或行业标准中选择。

二、CSTR 釜式反应器的工艺计算与选型

连续操作釜式反应器的结构和间歇操作釜式反应器相同,但进出物料的操作是连续的,即一边连续恒定地向反应器内加入反应物,同时连续不断地把反应产物引出反应器,如图 2-19 所示。这样的流动状况很接近理想混合流动模型。

由于是连续操作,该反应釜不存在间歇操作中的辅助时间问题,所以一般来说适用于产量较大的化工产品生产。连续操作过程正常情况下都为稳定过程,容易自动控制,操作简单,节省人力。由于搅拌使加入的浓度较高的原料立即和釜内物料完全混合,不存在热量的积累引起局部过热问题,特别适宜对温度敏感的化学反应,不容易引起副反应。由于釜式反应器的物料容量大,当进料条件发生一定程度的波动时,不会引起釜内反应条件的明显变化,稳定性好,操作安全。

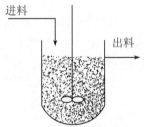

图 2-19 理想混合连续搅拌釜式反应器示意图

1. 单个连续操作釜式反应器的计算

在连续操作釜式反应器内,过程参数与空间位置、时间无关,各处的物料组成和温度都是相同的,且等于出口处的组成和温度。图 2-20 为单个连续操作釜式反应器的性能示意图。

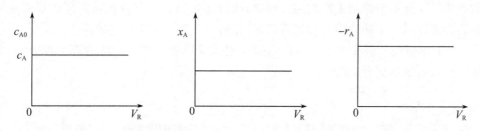

图 2-20　理想混合反应釜的性能

计算连续操作釜式反应器的反应体积时,可以对整个反应釜作某一组分的物料衡算。在稳定状况下,没有物料累积,则有

$$\begin{bmatrix}单位时间内\\物料进入量\end{bmatrix}=\begin{bmatrix}单位时间内\\物料排出量\end{bmatrix}+\begin{bmatrix}单位时间内\\反应消耗量\end{bmatrix}+\begin{bmatrix}单位时间内\\物料累积量\end{bmatrix}$$

$$F_{A0}=F_A+(-r_A)V_R+0$$

即

$$F_{A0}=F_A+(-r_A)V_R$$

而

$$F_A=F_{A0}(1-x_A)$$

所以

$$F_{A0}x_A=(-r_A)V_R$$

整理,得

$$\frac{V_R}{F_{A0}}=\frac{x_A}{(-r_A)}=\frac{\Delta x_A}{(-r_A)}=\frac{x_{Af}-x_{A0}}{(-r_A)}=\frac{x_{Af}}{(-r_A)} \qquad (2\text{-}20)$$

又

$$F_{A0}=v_O \cdot c_{A0}$$

定义

$$\bar{\tau}\equiv\frac{V_R}{v_0}=\frac{F_{A0}}{v_0}\frac{x_A}{(-r_A)}=c_{A0}\frac{x_A}{(-r_A)} \qquad (2\text{-}21)$$

式中,F_{A0} 为进口物料中组分 A 的摩尔流量,kmol/h;F_A 为出口物料中组分 A 的摩尔流量,kmol/h;v_0 为进口物料体积流量,m³/h;$\bar{\tau}$ 为物料粒子在反应器内的平均停留时间,h。

以不同的 $(-r_A)$ 和已知条件代入式(2-20)式(2-21),便可对不同反应的计算式中任意一项进行计算。

【例 2-2】 用一台搅拌性能良好的釜式反应器连续生产乙酸丁酯,其反应条件及产量与例 1-2 相同,试计算该釜式反应器的有效体积和物料平均停留时间。

解: 按式(2-21)计算,其中 $v_0=0.98$ m³/h,$x_{Af}=0.5$,$c_{A0}=1.8$ kmol/m³,$k=1.04$ m³/(kmol·h),将各量带入得

$$V_R=0.98\times\frac{0.5}{1.04\times60\times1.8\times(1-0.5)^2}=1.04(\text{m}^3)$$

$$\bar{\tau}=\frac{V_R}{v_0}=\frac{1.04}{0.98}=1.06(\text{h})$$

2. 多个串联连续操作釜式反应器的计算

由于单个连续操作釜式反应器存在严重的逆向混合,降低了反应速率,同时由于逆向混合,有些物料质点在釜内停留时间很长,容易在某些反应中导致副反应的增加。为了降低逆向混合的程度,又发挥其优点,可采用多个连续操作釜式反应器

的串联。这样不但抑制了逆向混合程度,同时还可以在各釜内控制不同的反应温度和物料浓度以及不同的搅拌和加料情况,以适应工艺上的不同要求。

（1）解析法。假设多釜串联连续操作釜式反应器中各釜内均为理想混合,且各釜之间没有逆向混合,如图 2-21 所示。

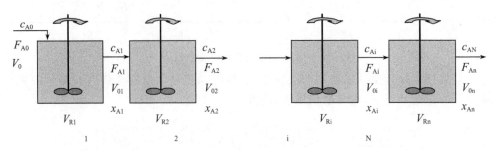

图 2-21　多釜串联操作示意图

对于稳定操作、恒容过程的第 i 釜,以组分 A 为基准进行物料衡算：

$$\begin{bmatrix} 单位时间内 \\ 物料进入量 \end{bmatrix} = \begin{bmatrix} 单位时间内 \\ 物料排出量 \end{bmatrix} + \begin{bmatrix} 单位时间内 \\ 反应消耗量 \end{bmatrix} + \begin{bmatrix} 单位时间内 \\ 物料累积量 \end{bmatrix}$$

$$F_{A(i-1)} = F_{Ai} + (-r_A)_i V_{Ri} + 0$$

即

$$F_{A(i-1)} = F_{Ai} + (-r_A)_i V_{Ri}$$

整理,得

$$\frac{V_{Ri}}{v_0} = \frac{F_{A(i-1)} - F_{Ai}}{v_0(-r_A)_i} = \frac{c_{A(i-1)} - c_{Ai}}{(-r_A)_i}$$

式中,$\dfrac{V_{Ri}}{v_0}$ 为物料在第 i 釜内的平均停留时间,以 $\bar{\tau}$ 表示则有

$$\bar{\tau} = \frac{V_{Ri}}{v_0} = \frac{c_{A(i-1)} - c_{Ai}}{(-r_A)_i} \qquad (2-22)$$

若改浓度为反应转化率形式表示,则有

$$\bar{\tau}_i = \frac{V_{Ri}}{v_0} = c_{A0} \frac{x_{A(i-1)} - x_{Ai}}{(-r_A)_i} \qquad (2-23)$$

式中,V_{Ri} 为第 i 釜的有效体积,m^3；c_{Ai} 为第 i 釜内组分 A 的浓度,$kmol/m^3$；$c_{A(i-1)}$ 为第 $i-1$ 釜内组分 A 的浓度,$kmol/m^3$；x_{Ai} 为第 i 釜内组分 A 的转化率；$x_{A(i-1)}$ 为第 $i-1$ 釜内组分 A 的转化率；$(-r_A)_i$ 为第 i 釜内反应速率,$kmol/(m^3 \cdot h)$；$\bar{\tau}_i$ 为物料在第 i 釜中的平均停留时间,h。

式（2-22）和式（2-23）为多釜串联恒容反应器计算的基本公式,具体应用仍然按不同的反应动力学方程式代入,依次逐釜进行计算,直至达到要求的转化率为止。如：

第一釜的有效体积 $\qquad V_{R1} = v_0 c_{A0} \dfrac{x_{A1} - x_{A0}}{(-r_A)_1}$

第二釜的有效体积 $\qquad V_{R2} = v_0 c_{A0} \dfrac{x_{A2} - x_{A1}}{(-r_A)_2}$

……

第 i 釜的有效体积 $\qquad V_{Ri} = v_0 c_{A0} \dfrac{x_{Ai} - x_{A(i-1)}}{(-r_A)_i}$

……

第 N 釜的有效体积 $\qquad V_{RN} = v_0 c_{A0} \dfrac{x_{AN} - x_{A(N-1)}}{(-r_A)_N}$

则反应器的总有效体积 $V_R = V_{R1} + V_{R2} + \cdots + V_{Ri} + \cdots + V_{RN}$

（2）图解法。对于反应级数较高的化学反应过程，采用解析法计算多釜串联连续操作釜式反应器的有关参数（如浓度等）比较麻烦，因此常采用图解法计算，尤其是在缺少动力学方程时，使用图解法更为适宜。

首先根据动力学方程或实验数据绘出在操作温度下的 $-r_A = kc_A^n$ 的动力学关系曲线（如图 2-20 中的 OA 线）。然后根据同一温度下由多釜串联中的某一釜物料衡算式（2-22）改写成

$$(-r_A)_i = \frac{c_{A(i-1)}}{\tau_i} - \frac{c_{Ai}}{\tau i}$$

此为一直线方程式，直线斜率为 $-\dfrac{1}{\tau_i}$，即 $-\dfrac{v_0}{V_{Ri}}$，它表示了反应速率 $-r_A$ 和浓度 c_A 间的操作关系。在同一图上绘出相同温度下的操作线，如图 2-22 中的 $c_{A0}A_1 \sim c_{A2}A_3$，所得交点同时满足动力学方程式和物料衡算式。交点所对应的坐标值即为多釜串联中某釜内的化学反应速率和该釜的出口浓度。由此可根据式（2-22）进一步求出反应的体积及连续串联操作所需要的釜式反应器的台数。

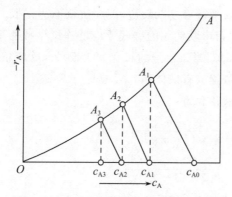

图 2-22　多釜理想连续反应器的图解计算

① 如已知处理量 v_0、初始浓度 c_{A0} 和要求的最终转化率 x_{AN}，采用相同体积 V_{Ri} 的理想连续釜式反应器串联操作，求其串联的台数，可在 $-r_A \sim c_A$ 图上进行。其步骤如下：

首先根据动力学方程式或实验数据绘 $-r_A \sim c_A$ 动力学曲线（如图 2-22 中 OA 线），然后根据操作线方程，由 c_A 坐标上的点 c_{A0} 出发，作斜率为 $-\dfrac{v_0}{V_{Ri}}$ 的平行直线（如图 2-22 中直线 $c_{A0}A_1$），与动力学曲线相交得点 A_1。由点 A_1 作垂线，与坐标 c_A 相交得点 c_{A1}。再从 c_{A1} 点作相同斜率的平行直线（如图 2-22 中直线 $c_{A1}A_2$），与曲线相交

得点 A_2。如此反复,直至操作线与动力学曲线相交点的浓度小于或等于与最终转化率 x_{AN} 相对应的浓度 c_{AN} 为止。此时所作的平行操作线数即为所求串联釜式反应器的台数。

② 如果已知处理量 v_0、初始浓度 c_{A0} 和最终转化率 x_{AN},要求确定串联连续操作釜式反应器的台数和各釜的有效体积,也可以在绘有动力学曲线的一 $-r_A \sim c_A$ 图上进行试算。若各釜的有效体积相同时,根据操作线方程,假设不同的 V_{Ri},就可以在 c_{A0} 和 c_{AN} 之间做出多组具有不同斜率、不同段数的平行直线,表示着釜数 n 和各釜有效体积 V_{Ri} 值的不同组合关系。通过技术经济比较,确定其中一组为所求的解。当串联的釜数已经选定,仅需在图上调整平行线的斜率,使之同时满足 c_{A0}、c_{AN} 和 n,然后由平行线的斜率 $-\dfrac{v_0}{V_{Ri}}$ 即可求出有效体积 V_{Ri} 值。

如果串联的各釜式反应器操作温度不同,就需要绘出各釜操作温度下的动力学曲线,并分别与相对应的操作线得出交点,同时满足各釜动力学方程式和物料衡算式的要求。

如果串联的各釜式反应器的有效体积不同,则物料通过各釜的平均停留时间也不同,即各釜操作线斜率 $-\dfrac{v_0}{V_{Ri}}$ 不同,此时就需要以各釜的操作线与对应的动力学曲线相交,计算各釜的出口浓度和串联的台数。

应该指出,上述图解法只在动力学方程式仅用一种反应物浓度的函数关系表示时方可适用。对于连串、平行等复杂反应,图解法就不适宜了。

【例 1-3】如果用两台串联使用的釜式反应器连续生成乙酸丁酯,要求第一台釜中乙酸的转化率为 32.3%,第二台釜的转化率为 50%,反应条件和产量与任务 3 中项目化作业相同,试求各釜的有效体积。

解:第一台釜的有效体积为

$$V_{R1} = v_0 c_{A0} \frac{x_{A1} - x_{A0}}{(-r_A)_1} = v_0 \frac{x_{A1} - x_{A0}}{k c_{A0}(1 - x_{A1})^2}$$

$$= 1.357 \times \frac{0.323}{0.0174 \times 60 \times 0.7 \times (1 - 0.323)^2}$$

$$= 1.31 (\text{m}^3)$$

第二台釜的有效体积为

$$V_{R2} = v_0 c_{A0} \frac{x_{A2} - x_{A1}}{(-r_A)_2} = v_0 \frac{x_{A2} - x_{A1}}{k c_{A0}(1 - x_{A2})^2}$$

$$= 1.357 \times \frac{0.5 - 0.323}{0.0174 \times 60 \times 0.7 \times (1 - 0.5)^2}$$

$$= 1.31 (\text{m}^3)$$

两台釜式反应器的总有效体积为

$$V_R = V_{R1} + V_{R2} = 1.31 + 1.31 = 2.62 (\text{m}^3)$$

第八节　釜式反应器的操作

以搅拌釜反应系统为例,说明釜式反应器的日常运行与维护。

一、反应器的开车

首先,通入惰性气体对系统进行试漏,进行惰性气体置换。检查传动设备的润滑情况。投用冷却水、蒸汽、热水、惰性气体、工厂风、仪表风、润滑油、密封油。投运仪表、电气、安全联锁系统,向反应釜中加入原料。当釜内液体淹没最低一层搅拌叶时,启动反应釜搅拌器。继续往釜内加入原料,到达正常料位时停止。升温使釜温达到正常值。在升温的过程中,当温度达到某一规定值时,向釜内加入催化剂等辅料,并同时控制反应温度、压力、反应釜料位等工艺指标,使之达到正常值。

二、釜式反应器的操作

1. 反应温度控制

反应系统的操作是最关键的。反应温度的控制一般有如下三种方法。

(1)通过夹套冷却水换热。

(2)通过反应釜组成气相外循环系统,调节循环气体的温度,并使其中的易冷凝气冷凝,冷凝液流回反应釜,从而达到控制反应温度的目的。

(3)料液循环泵、料液换热器和反应釜组成料液外循环系统,通过料液换热器能够调节循环料液的温度,从而达到控制反应温度的目的。

2. 压力控制

反应温度恒定时,在反应物料为气相时主要通过催化剂的加料量和反应物料的加料量来控制反应压力。当反应物料为液相时,反应釜的压力主要取决于物料的蒸气分压,也就是反应温度。反应釜气相中,不凝性惰性气体的含量过高是造成反应釜压力超高的原因之一。此时需放火炬,以便降低反应釜的压力。

3. 液位控制

应该严格控制反应釜的液位。反应釜的液位一般控制在 70% 左右,通过料液的出料速率来控制。连续反应时,反应釜必须有自动料位控制系统,以确保准确控制液位。液位控制过低,反应产率低;液位控制过高,甚至满釜,就会造成物料浆液进入换热器、风机等设备中,容易造成事故。

4. 料液浓度控制

料液浓度过大,会造成搅拌器电机电流过高,引起超负载跳闸,停转,就会造成釜内物料结块,甚至引发温度骤增,出现事故。停止搅拌是造成事故的主要原因之一。控制料液浓度主要通过控制溶剂的加入量和反应物产率来实现。

有些反应过程还要考虑控制加料速度以及催化剂用量。

三、釜式反应器的停车

首先停进催化剂、原料等；继续加入溶剂，维持反应系统继续运行；在化学反应停止后，停进所有物料，停止搅拌器和其他传动设备，卸料；用惰性气体置换，置换合格后交检修。

技能训练

一、生产原理

2-巯基苯并噻唑是橡胶制品硫化促进剂 2,2-二硫代苯并噻唑（DM）的中间产品，它本身也是硫化促进剂，但活性不如 DM。

缩合反应共有三种原料，分别是多硫化钠（Na_2Sn）、邻硝基氯苯（$C_6H_4ClNO_2$）及二硫化碳（CS_2）。

主反应如下：
$$2C_6H_4NClO_2 + Na_2Sn \longrightarrow C_{12}H_8N_2S_2O_4 + 2NaCl + (n-2)S\downarrow$$
$$C_{12}H_8N_2S_2O_4 + 2CS_2 + 2H_2O + 3Na_2Sn \longrightarrow 2C_7H_4NS_2Na + 2H_2S\uparrow + 2Na_2S_2O_3 + (3n-4)S\downarrow$$

副反应如下：
$$C_6H_4NClO_2 + Na_2Sn + H_2O \longrightarrow C_6H_6NCl + Na_2S_2O_3 + (n-2)S\downarrow$$

主反应的活化能比副反应的活化能高，因此升温后更利于反应收率。在 90 ℃时，主反应和副反应的速度比较接近，因此，要尽量延长反应温度在 90 ℃以上时的时间，以获得更多的主反应产物。

二、工艺流程

生产工艺流程如图 2-23 所示，来自备料工序的 CS_2、$C_6H_4ClNO_2$、Na_2Sn 分别注入计量罐及沉淀罐中，经计量沉淀后利用位差及离心泵压入反应釜中，釜温由夹套中的蒸汽、冷却水及蛇管中的冷却水控制，设有分程控制 TIC101（只控制冷却水），通过控制反应釜温来控制反应速度及副反应速度，来获得较高的收率及确保反应过程安全。

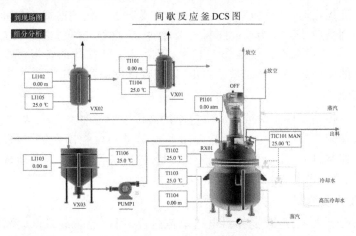

RX01—间歇反应釜；VX01—CS_2 计量罐；VX02—邻硝基氯苯计量罐；VX03—Na_2Sn 沉淀罐；PUMP1—离心泵

图 2-23 2-巯基苯并噻唑工艺流程图

三、工艺参数要求

(1) 反应釜中压力不大于 8 atm。

(2) 冷却水出口温度不小于 60 ℃,如小于 60 ℃易使硫在反应釜壁和蛇管表面结晶,使传热不畅。

四、间歇釜操作与控制

1. 开车

装置开工状态为各计量罐、反应釜、沉淀罐处于常温、常压状态,各种物料均已备好,大部阀门、机泵处于关停状态(除蒸汽联锁阀外)。

(1) 备料。

① 向沉淀罐 VX03 进料(Na_2Sn)。开阀门 V9,开度约为 50％,向罐 VX03 充液,当 VX03 液位接近 3.60 m 时,关小 V9,至 3.60 m 时关闭 V9。静置 4 min(实际 4 h)备用。

② 向计量罐 VX01 进料(CS_2)。开放空阀门 V2。开溢流阀门 V3。开进料阀 V1,开度约为 50％,向罐 VX01 充液。液位接近 1.4 m 时可关小 V1,溢流标志变绿后,迅速关闭 V1。待溢流标志再度变红后,可关闭溢流阀 V3。

③ 向计量罐 VX02 进料(邻硝基氯苯)。开放空阀门 V6。开溢流阀门 V7。开进料阀 V5,开度约为 50％,向罐 VX02 充液。液位接近 1.2 m 时可关小 V5,溢流标志变绿后,迅速关闭 V5。待溢流标志再度变红后,可关闭溢流阀 V7。

(2) 进料。

① 微开放空阀 V12,准备进料。

② 从 VX03 中向反应器 RX01 中进料(Na_2Sn)。打开泵前阀 V10,向进料泵 PUMP1 中充液。打开进料泵 PUMP1。打开泵后阀 V11,向 RX01 中进料。至液位小于 0.1 m 时停止进料。依次关闭泵后阀 V11、泵 PUMP1 和泵前阀 V10。

③ 从 VX01 中向反应器 RX01 中进料(CS_2)。检查放空阀 V2 开放。打开进料阀 V4 向 RX01 中进料。待进料完毕后关闭 V4。

④ 从 VX02 中向反应器 RX01 中进料(邻硝基氯苯)。检查放空阀 V6 开放。打开进料阀 V8 向 RX01 中进料。待进料完毕后关闭 V8。

⑤ 进料完毕后关闭放空阀 V12。

(3) 开车。

① 检查放空阀 V12、进料阀 V4、V8、V11 是否关闭。打开联锁控制。

② 开启反应釜搅拌电机 M1。

③ 适当打开夹套蒸汽加热阀 V19,观察反应釜内温度和压力上升情况,保持适当的升温速度。

④ 控制反应温度直至反应结束。

2. 正常操作中主要工艺生产指标的调整方法

(1) 温度调节。操作过程中以温度为主要调节对象,以压力为辅助调节对象。升温慢会因副反应速度大于主反应速度而造成时间段过长,从而导致反应的产率低。升温快则容易反应失控。

当温度为 $55 \sim 65 \ ℃$,停止通蒸汽加热。

当温度大于 $75 \ ℃$时,通冷却水。

当温度为 $110 \ ℃$以上时,是反应剧烈的阶段。应小心加以控制,防止超温。当温度难以控制时,打开高压水阀。并可关闭搅拌器以使反应降速。当压力过高时,可微开放空阀以降低气压,但放空会使 CS_2 损失,污染大气。

反应温度大于 $128 \ ℃$时,相当于压力超过 $8 \ atm$,已处于事故状态,如联锁开关处于"on"的状态,联锁起动(开高压冷却水阀,关搅拌器,加热蒸汽阀)。

(2) 压力调节。压力调节主要是通过调节温度实现的,但在超温的时候可以微开放空阀,使压力降低,以达到安全生产的目的。

当压力超过 $15 \ atm$(相当于温度大于 $160 \ ℃$),反应釜的安全阀开始起作用。

(3) 收率。由于在 $90 \ ℃$以下时,副反应速度大于正反应速度,因此在安全的前提下快速升温是收率高的保证。

3. 停车

在冷却水量很小的情况下,反应釜的温度下降仍较快,则说明反应接近尾声,可以进行停车出料操作了。

(1) 打开放空阀 V12 $5 \sim 10 \ s$,放掉釜内残存的可燃气体。关闭 V12。

(2) 向釜内通增压蒸汽。打开蒸汽总阀 V15。打开蒸汽加压阀 V13 给釜内升压,使釜内气压高于 $0.4 \ MPa$。

(3) 打开蒸汽预热阀 V14 片刻。

(4) 打开出料阀门 V16。

(5) 出料完毕后保持开 V16 约 10S 进行吹扫。

(6) 关闭出料阀 V16。

(7) 关闭蒸汽阀 V15。

五、间歇釜常见异常现象及处理

生产 2-巯基苯并噻唑用反应釜常见异常现象及处理方法见表 2-3。

表 2-3 生产 2-巯基苯并噻唑用反应釜常见异常现象及处理方法

序号	异常现象	产生原因	处理方法
1	温度大于 128 ℃(气压大于 8 atm)	反应釜超温(超压)	① 开大冷却水,打开高压冷却水阀 V20; ② 关闭搅拌器 PUM1,使反应速度下降; ③ 如果气压超过 12 atm,打开放空阀 V12
2	反应速度逐渐下降为低值,产物浓度变化缓慢	搅拌器故障	停止操作,出料维修
3	开大冷却水阀对控制反应釜温度无作用,且出口温度稳步上升	蛇管冷却水阀 V22 卡	开冷却水旁路阀 V17 调节
4	出料时,内气压较高,但釜内液位下降很慢	出料管硫磺结晶,堵住出料管	开出料预热蒸汽阀 V14 吹扫 5 min 以上(仿真中采用)。拆下出料管用火烧化硫磺,或更换管段及阀门
5	温度显示置零	测温电阻连线断	① 改用压力显示对反应进行调节(调节冷却水用量); ② 升温至压力为 0.3~0.75 atm 就停止加热; ③ 升温至压力为 1.0~1.6 atm 开始通冷却水; ④ 压力为 3.5~4 atm 以上为反应剧烈阶段; ⑤ 反应压力大于 7 atm,相当于温度大于 128 ℃处于故障状态; ⑥ 反应压力大于 10 atm,反应器联锁起动; ⑦ 反应压力大于 15 atm,反应器安全阀起动(以上压力为表压)

思考与练习

一、思考题

1. 化学反应过程与设备的研究目的是什么？

2. 化学反应过程与设备的研究方法有哪两种？

3. 按物料的聚集状态，反应器分为哪些型式？其实质是什么？

4. 按反应器的结构分类，反应器分为哪些型式？其实质是什么？

5. 化学反应器的操作方式分为哪三种？哪些属于定态过程？哪些属于非定态过程？

二、计算题

1. 由实验数据测知反应动力学方程：

反应 $S_2O_8^{2-}$（过二硫酸根离子）$+3I^- \longrightarrow 2SO_4^{2-}+I_3^-$ 在室温下测得如下数据：

| 试验号 | 起始浓度/(mol/L) | | $(-r_A)/$ |
	$c(S_2O_8^{2-})$	$c(I^-)$	$[mol/(L \cdot s)]$
1	0.038	0.060	1.4×10^{-5}
2	0.076	0.060	2.8×10^{-5}
3	0.076	0.030	1.4×10^{-5}

（1）写出反应的速率方程，指出该反应是否是基元反应。

（2）上述反应在不同温度下的速率常数 k 为

$T/$ ℃	0	10	20	30
$k/[L/(mol \cdot s)]$	8.2×10^{-4}	2.0×10^{-3}	4.1×10^{-3}	8.3×10^{-3}

该反应是吸热反应还是放热反应？

2. 每 100 kg 乙烷在裂解器中裂解产生 46.4 kg 乙烯，乙烷的单程转化率为 60%，裂解尾气经分解后，所得的产物气体中含有 4 kg 乙烷，其余未反应的乙烷返回裂解装置。试求乙烯的选择性、收率和乙烷的全程转化率。

3. 蔗糖在稀酸溶液中按下式水解,生成葡萄糖和果糖:

$$C_{12}H_{22}O_{11} + H_2O \longrightarrow C_6H_{12}O_6 + C_6H_{12}O_6$$

蔗糖(A)　　水(B)　　　葡萄糖(R)　　果糖(S)

当水极大过量时,遵循一级反应动力学,即$(-r_A) = kc_A$,在催化剂盐酸的浓度为 0.01 mol/L、反应温度为 48 ℃时,反应速率常数 $k = 0.019\ 3$ min。当蔗糖的初始浓度为① 0.1 mol/L,② 0.5 mol/L 时,试计算:

(1) 反应 20 min 后,①和②溶液中蔗糖 A、R、S 浓度各为多少?

(2) 此时,两溶液中的蔗糖转化率各达到多少? 是否相等? 计算结果说明了什么?

(3) 若要求蔗糖浓度降到 0.01 mol/L,它们各需反应时间多长? 计算结果说明了什么?

4. 设某反应的动力学方程为$(-r_A) = 0.35c_A^2$(mol/(L·s))。若 A 的初始浓度分别为① 1 mol/L,② 5 mol/L 时,问达到 A 的残余浓度为 0.01 mol/L 时,分别需多少反应时间? 计算结果说明了什么?

5. 在一均相恒温聚合反应中,单体的初始浓度为 0.04 mol/L 和 0.08 mol/L,在 34 min 内单体均消失 20%。求单体消失的速率。

6. 用硫酸为催化剂,把过氧化氢异丙苯分解成苯酚和丙酮的反应是一级反应。反应在一个等温间歇反应釜中进行,当反应经历 30 s 时,取样分析过氧化氢异丙苯的转化率为 90%,试问反应速率常数为多少。当转化率为 99% 时,反应时间为多少?

7. 怎样理解多釜串联能抑制逆向混合程度?

8. 液相反应 $A \rightarrow R$ 为一级反应,出口转化率为 70%,进口流量为 20 L/min,反应速率常数 $k=0.38$ min^{-1}。若反应在两个串联体积相同的理想连续釜式反应器中进行,则反应器的体积为多少?

第三章
管式反应器的操作与控制

知识目标

☞ 掌握管式反应器类型选择方法；

☞ 掌握管式反应器的基本结构及基本特点；

☞ 掌握管式反应器体积的计算方法。

技能目标

☞ 能写出管式反应器的主要类型；

☞ 能够计算管式反应器的体积并进行应用；

☞ 能对信息进行检索和加工；

☞ 能够对连续操作反应器进行优化操作；

☞ 能够处理随时出现的安全隐患和故障。

态度目标

☞ 具有团队精神和与人合作能力；

☞ 具有与人交流沟通能力；

☞ 具有较强的表达能力。

  管式反应器将化学反应的场所集中于管内,在反应管一端持续进料,物料流经管程即发生化学反应,在反应管末端进行产物收集处理,整个过程持续进行。管式反应器是由一根或多根管装结构组成的连续操作的反应器,具有返混程度低、生产效率高、反应转化率高等优势。由于管式反应器具有加工难度小、结构简单、传热效率高、易于实现连续化操作、生产效率高等特点,特别适用于反应温度高或强放热的反应。

第一节　管式反应器的选择

一、管式反应器的主要类型

在化工生产中,管式反应器是一种呈管状、长径比很大的连续操作反应器。连续操作的长径比较大的管式反应器可以近似看成是理想置换流动反应器(平推流反应器,英文为 plug flow reactor,简称 PFR)。

按照内部结构的不同可分为以下四种:直管式反应器、盘管式反应器、U 形管式反应器和多管式反应器

1. 直管式反应器

直管式反应器分为水平管式反应器和立管式反应器。

水平管式反应器是进行气相或均液相反应常用的一种管式反应器,由无缝管与 U 形管连接而成。这种结构易于加工制造和检修。

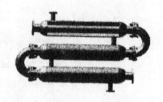

立管式反应器包括单程式立管式反应器、中心插入管式立管式反应器、夹套式立管式反应器,其特点是将一束立管安装在一个加热套筒内,以节省地面。立管式

图 3-1　水平管式反应器

反应器被应用于液相氨化反应、液相加氢反应、液相氧化反应工艺中。

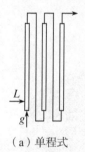

（a）单程式　　　　（b）中心插入管式　　　　（c）夹套式

图 3-2　立管式反应器

2. 盘管式反应器

将管式反应器做成盘管的形式,设备紧凑,节省空间,但检修和清刷管道比较麻烦。反应器一般由许多水平盘管上下重叠串联而成。每一个盘管由许多半径不同的半圆形管子相连接成螺旋形式,螺旋中央留出 $\phi 400$ mm 的空间,便于安装和检修。

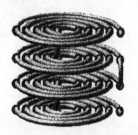

图 3-3　盘管式反应器

3. U形管式反应器

U形管式反应器的管内设有挡板或搅拌装置，以强化传热与传质过程。U形管的直径大，物料停留时间长，可以应用于反应速率较慢的反应。例如带多孔挡板的U形管式反应器，被应用于己内酰胺的聚合反应。带搅拌装置的U形管式反应器适用于非均液相物料或液固相悬浮物料，如甲苯的连续硝化、萘的连续磺化等反应。

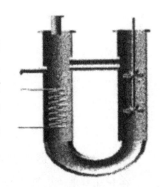

图3-4　U形管式反应器

4. 多管式反应器

通常按管式反应器管道的连接方式不同，把多管式反应器分为多管串联管式反应器和多管并联管式反应器。多管串联结构的管式反应器如图3-5所示，一般用于气相反应和气-液相反应，例如烃类裂解反应和乙烯液相氧化制乙醛反应。多管并联结构的管式反应器如图3-6所示，一般用于气-固相反应。例如气相氯化氢和乙炔在多管并联装有固相催化剂中反应制氯乙烯，气相氮和氢混合物在多管并联装有固相铁催化剂中合成氨。

图3-5　多管串联结构的管式反应器

图3-6　多管并联结构的管式反应器

二、管式反应器的结构

以套管式反应器为例介绍管式反应器的具体结构。

套管式反应器由长径比很大的细长管和密封环通过连接件的紧固串联安放在机架上而组成。它包括直管、弯管、密封环、法兰及紧固件、温差补偿器、传热夹套及连接管和机架等几部分。

1. 直管

直管的结构如图 3-7 所示。内管长 8 m,根据反应段的不同,内管内径通常也不同(如 ϕ27 mm 和 ϕ34 mm)。夹套管用焊接形式与内管固定。夹套管上对称地安装一对不锈钢制成的 Ω 形补偿器,以消除开停车时内外管线膨胀系数不同而附加在焊缝上的拉应力。

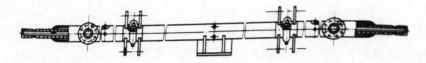

图 3-7　直管

反应器预热段夹套管内通蒸汽加热进行反应,反应段及冷却段通热水移去反应热或冷却。所以在夹套管两端开了孔,并装有连接法兰,以便和相邻夹套管相连通。为安装方便,在整管的中间部位装有支座。

2. 弯管

弯管结构与直管基本相同,如图 3-8 所示。弯头半径 $R \geqslant 5D \pm 4\%$。弯管在机架上的安装方法允许其有足够的伸缩量,故不再另加补偿器。内管总长(包括弯头弧长)也是 8 m。

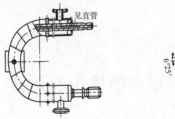
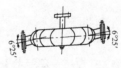

图 3-8　弯管

3. 密封环

套管式反应器的密封环为透镜环。透镜环有两种形状。一种是圆柱形的,另一种是带接管的 T 形透镜环,如图 3-9。圆柱形透镜环用反应器内管同一材质制成。带接管的 T 形透镜环是安装测温、测压元件用的。

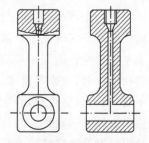

图 3-9　带接管 T 形透明环

4. 管件

反应器的连接必须按规定的紧固力矩进行。所以对法兰、螺柱和螺母都有一定要求。

5. 机架

反应器机架用桥梁钢焊接成整体。地脚螺栓安放在基础桩的柱头上,安装管子支架部位装有托架。管子用抱箍与托架固定。

三、管式反应器的特点

(1)反应物的分子在反应器内停留时间相等,反应器内任何一点上的反应物浓度和化学反应速度都不随时间而变化,只随管长变化。

(2)管式反应器的单位反应器体积具有较大的换热面,特别适用于热效应较大的反应。

(3)由于反应物在管式反应器中返混小,反应速度快,流速快,所以它的生产率高。

(4)管式反应器适用于大型化和连续化的化工生产。

(5)和釜式反应器相比较,其返混较小,在流速较低的情况下,其管内流体流型接近于理想置换流。

(6)反应器内各处的浓度未必相等,反应速率随空间位置而变化;

(7)由于径向具有严格均匀的速度分布,也就是在径向不存在浓度变化,所以反应速率随空间位置的变化将只限于轴向。

(8)理想管式反应器的反应结果只由化学反应动力学所确定。

(9)结构简单紧凑,强度高,抗腐蚀强,抗冲击性能好,使用寿命长,便于检修。

此外,管式反应器既适用于液相反应,又适用于气相反应。由于 PFR 能承受较高的压力,用于加压反应尤为合适,可实现分段温度控制。其主要缺点是,反应速率很低时所需管道过长,工业上不易实现。

第二节　管式反应器体积的计算

化工生产中,连续操作的长径比较大的管式反应器可以近似看成是理想置换流动反应器。它既适用于液相反应,又适用于气相反应。当用于液相反应和反应前后无摩尔数变化的气相反应时,可视为恒容过程;当用于反应前后有物质的量变化的气相反应时,为变容过程。如果在反应过程中利用适当的调节手段使温度基本维持不变,则为恒温过程,否则即为非恒温过程。管式反应器内的非恒温操作可分为绝热式和换热式两种。当反应的热效应不大,反应的选择性受温度的影响较小时,可采用没有换热措施的绝热操作。这样可使设备结构大为简化,此时只要将反应物加热到要求的温度送入反应器即可。如果反应过程放热,则放出的热量将使反应后物料的温度升高。如反应吸热,则随反应的进行,物料的温度逐渐降低。当反应热效应较大时,则必须采用换热式,以便通过载热体及时供给或移出反应热。管式反应器多数采用连续操作,少数采用半连续操作,使用间歇操作的则极为罕见。本节只讨论第一种情况,目的在于提供此类反应器计算、分析和操作的基本方法。

一、平推流假设

连续操作管式反应器具有以下特点:

① 在正常情况下,它是连续定态操作,故在反应器的各处截面上过程参数不随时间而变化。

② 反应器内浓度、温度等参数随轴向位置变化,故反应速率随轴向位置变化。

③ 由于径向具有严格均匀的速度分布,也就是在径向不存在浓度分布。

连续操作管式反应器的基础计算方程式可由物料衡算式导出。由于连续操作,反应器内流体的流动处于稳定状态,如图 3-10 所示,没有反应物积累。

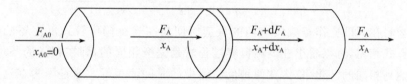

图 3-10　连续操作管式反应器物料衡算示意图

由于沿流体流动方向物料的温度和反应速率不断变化,而反应器内各点的浓度、反应速率都不随时间变化,因此,以反应物 A 作物料衡算:

$$\begin{bmatrix} 微元时间内进 \\ 入微元体积的 \\ 反应物量 \end{bmatrix} + \begin{bmatrix} 微元时间内离 \\ 开微元体积的 \\ 反应物量 \end{bmatrix} + \begin{bmatrix} 微元时间微元 \\ 体积内转化掉 \\ 的反应物量 \end{bmatrix} + \begin{bmatrix} 微元时间微元 \\ 体积内反应物 \\ 的累积量 \end{bmatrix}$$

$$F_A \Delta\tau \qquad (F_A + dF_A)\Delta\tau \qquad (-r_A)\Delta\tau dV_R \qquad 0$$

即
$$dF_A + (-r_A)dV_R = 0 \tag{3-1}$$

因为 $F_A = F_{A0}(1-\chi_A)$,则 $dF_A = -F_{A0}d\chi_A$,代入物料衡算式(3-1),得

$$(-r_A)dV_R = F_{A0}d\chi_A \tag{3-2}$$

式中,F_{A0} 为反应组分 A 进入反应器的流量,kmol/h;F_A 为反应组分 A 进入微元体积的流量,kmol/h。

式(3-2)即为连续操作管式反应器的基础计算方程式。将其积分,可用来求取反应器的有效体积和物料在反应器中的停留时间:

$$V_R = F_{A0} \int_{x_{A0}}^{x_{Af}} \frac{dx_A}{(-r_A)} \tag{3-3}$$

因为 $F_{A0} = c_{A0}V_0$,则式(3-3)又可写成

$$V_R = c_{A0}V_0 \int_{x_{A0}}^{x_{Af}} \frac{dx_A}{(-r_A)}$$

得

$$\tau = \frac{V_R}{V_0} = c_{A0} \int_{x_{A0}}^{x_{Af}} \frac{\mathrm{d}x_A}{(-r_A)} \tag{3-4}$$

式中，τ 为物料在连续操作管式反应器中的停留时间，h；V_0 为物料进口处体积流量，m^3/h。

应当注意，由于反应过程物料的密度可能发生变化，体积流量也将随之变化，则只有在恒容过程，称 τ 为物料在反应器中的停留时间才是准确的。

二、恒温恒容管式反应器体积计算

连续操作管式反应器在恒温恒容过程操作时，可结合恒温恒容条件，计算出达到一定转化率所需要的反应体积或物料在反应器中的停留时间。

如一级不可逆反应，其动力学方程为 $(-r_A) = kc_A$，在恒温条件下 k 为常数，而恒容条件下有 $c_A = c_{A0}(1-x_A)$，并将其代入式（3-4），得

$$V_R = V_0 \tau = c_{A0} V_0 \int_{x_{A0}}^{x_{Af}} \frac{\mathrm{d}x_A}{kc_{A0}(1-x_A)} = \frac{V_0}{k} \ln \frac{1-x_{A0}}{1-x_{Af}} \tag{3-5}$$

对于二级不可逆反应，其动力学方程式为 $(-r_A) = kc_A^2$，若 $x_{A0} = 0$，同理可得

$$V_R = V_0 \tau = c_{A0} V_0 \int_{x_{A0}}^{x_{Af}} \frac{\mathrm{d}x_A}{kc_{A0}^2(1-x_A)^2} = V_0 \frac{x_{Af}}{kc_{A0}(1-x_{Af})} \tag{3-6}$$

将物料在间歇操作釜式反应器的反应时间与在连续操作管式反应器的停留时间的计算式相比，可以看出在恒温恒容过程时是完全相同的，即在相同的条件下，同一反应达到相同的转化率时，在两种反应器中的时间值相等。这是因为在这两种反应器内反应物浓度经历了相同的变化过程，只是在间歇操作釜式反应器内浓度随时间变化，在连续操作管式反应器内浓度随位置变化而已。也可以说，仅就反应过程而言，两种反应器具有相同的效率，只因间歇操作釜式反应器存在非生产时间，即辅助时间，故生产能力低于连续操作管式反应器。

【例 3-1】在一连续操作管式反应器中生产乙酸乙酯，其反应式为：$CH_3COOH + C_4H_9OH \longrightarrow CH_3COOC_4H_9 + H_2O$，反应在恒温条件下进行，温度为 373 K，进料摩尔（mol）比为乙酸：丁醇 $=1:4.97$，以少量 H_2SO_4 作催化剂。当使用过量丁醇时，该反应以乙酸（下标以 A 计）表示的动力学方程式为 $(-r_A) = kc_A^2$。在上述条件下，反应速率常数 $k = 0.0174 \ m^3/(kmol \cdot min)$，反应物密度 $\rho = 750 \ kg/m^3$（假设反应前后不变）。若每天生产 2400 kg 乙酸丁酯（不考虑分离等过程损失），求转化率 x_{Af} 达到 0.5 时所需反应器的有效体积。

解：由题意可知：$c_{A0} = 1.8 \ kmol$，$V_0 = 0.979 \ m^3/h$，$k = 0.0174 \ m^3/(kmol \cdot min)$，$x_{Af} = 0.5$。代入式（3-6），得

$$V_R = V_0 \frac{x_{Af}}{kc_{A0}(1-X_{Af})} = 0.979 \times \frac{0.5}{0.0174 \times 60 \times 1.8 \times (1-0.5)} = 0.521 (m^3)$$

三、恒温变容管式反应器体积计算

在反应过程中，因反应温度变化，会发生物料密度的改变，或物料的分子总数改变，导致物料的体积发生变化。通常情况下，液相反应可近似作恒容过程处理，但当反应过程密度变化较大而又要求准确计算时，就要把容积变化考虑进去。对于气相总分子数变化的

反应,容积的变化更应考虑。由它引起的容积、浓度等的变化,可用下述诸式表示:

$$V_t = V_0(1 + y_{A0}\varepsilon_A x_A) \quad F_t = F_0(1 + y_{A0}\varepsilon_A x_A)$$

$$c_A = c_{A0}\frac{1-x_A}{1+y_{A0}\varepsilon_A x_A} \quad (-r_A) = -\frac{1}{V}\frac{dn_A}{d\tau} = \frac{c_{A0}}{1+y_{A0}\varepsilon_A x_A}\frac{dx_A}{d\tau}$$

式中,F_t 为反应系统在操作压力为 p、温度为 T、反应物的转化率为 x_A 时物料的总体积流量,m^3/s;ε_A 为膨胀因子。

将以上关系式代入反应器基础计算式中,可求得变容过程反应器有效体积。表 3-1 给出了恒温变容下,$x_A=0$ 时管式反应器的计算式。

表 3-1　恒温变容管式反应器的有效体积计算式

化学反应	速率方程	计算式
$A \rightarrow P$(零级)	$(-r_A) = k$	$\dfrac{V_R}{F_{A0}} = \dfrac{x_A}{k_A}$
$A \rightarrow P$(一级)	$(-r_A) = kc_A$	$\dfrac{V_R}{F_{A0}} = \dfrac{-(1+\varepsilon_A y_{A0})\ln(1-x_A) - \varepsilon_A y_{A0} x_A}{kc_{A0}}$
$2A \rightarrow P$ $A+B \rightarrow P$ $(c_{A0}=c_{B0})$ (二级)	$(-r_A) = kc_A^2$	$\dfrac{V_R}{F_{A0}} =$ $\dfrac{1}{kc_{A0}^2}\left[2\varepsilon_A y_{A0}(1+\varepsilon_A y_{A0})\ln(1-x_A) + \varepsilon_A^2 y_{A0}^2 x_A + (1+\varepsilon_A y_{A0})^2 \dfrac{x_A}{1-x_A}\right]$

【**例 3-2**】气相反应在恒温下进行:$A+B \rightarrow P$,物料在连续操作管式反应器中的初始流量为 $360\ m^3/h$,组分 A 与组分 B 的初始浓度均为 $0.8\ kmol/m^3$,其余惰性物料浓度为 $2.4\ kmol/m^3$,k 为 $8\ m^3/(kmol \cdot min)$,求组分 A 的转化率为 90% 时反应器的有效体积。

解:从反应速率常数的量纲知道,反应为二级反应。因初始浓度 $c_{A0} = c_{B0}$,且反应计量系数对组分 A、组分 B 相同,因此动力学方程可表示为

$$(-r_A) = kc_A^2$$

将其代入连续操作管式反应器计算式,有

$$V_R = c_{A0}V_0\int_0^{x_A}\frac{dx_A}{kc_A^2} \quad (1)$$

式(1)中

$$c_A = c_{A0}\frac{1-x_A}{1+y_{A0}\varepsilon_A x_A} \quad (2)$$

将式(2)代入式(1),积分得

$$\frac{V_R}{F_{A0}} = \frac{1}{kc_{A0}^2}\left[2\varepsilon_A y_{A0}(1+\varepsilon_A y_{A0})\ln(1-x_{Af}) + \varepsilon_A^2 y_{A0}^2 x_{Af} + (1+\varepsilon_A y_{A0})^2 \frac{x_{Af}}{1-x_{Af}}\right]$$

上式中 $\varepsilon_A = \dfrac{1-2}{1} = -1$,$y_{A0} = \dfrac{0.8}{0.8 \times 2 + 2.4} = 0.2$,则有

$$V_R = \frac{360}{8 \times 0.8 \times 60}\left[2 \times (-1) \times 0.2 \times (1 - 1 \times 0.2)\ln(1-0.9) + (-1)^2 \times 0.2^2 \times 0.9\right.$$

$$\left. + (1 - 1 \times 0.2)^2 \frac{0.9}{1-0.9}\right] = 6.14\ m^3$$

第三节 管式反应器的操作与控制

以环氧乙烷与水反应生成乙二醇为例进行管式反应器的操作与控制训练。

一、反应原理

在乙二醇反应器中,来自精制塔底的环氧乙烷和来自循环水排放物的水反应形成乙二醇水溶液。其反应式如下:

主反应 H_2C—CH_2 + H_2O ⟶ HO—CH_2—CH_2—OH
　　　　　　╲O╱　　　　　　　乙二醇(MEG)

副反应 HO—CH_2—CH_2—OH + H_2C——CH_2 $\xrightarrow{1.0\text{ MPa}}$ HO—CH_2—CH_2—O—CH_2—CH_2—OH
　　　　　　　　　　　　　　　　╲O╱　　　　　　　　　　　二乙二醇

二、工艺流程简述

环氧乙烷与水反应流程如图 3-11 所示,精制塔塔底物料在流量控制下同循环水排放物流以 1∶22 的摩尔比混合,混合后通过在线混合器进入乙二醇反应器。反应为放热反应,反应温度为 200 ℃时,每生成 1 mol 乙二醇放出热量为 $8.315×10^4$ J。来自循环水排放浓缩器的水,是在同精制塔塔底物料的流量比控制下进入乙二醇反应器上游的在线混合器的。混合物流通过乙二醇反应器,在此反应,形成乙二醇。反应器的出口压力是通过维持背压来控制的。从乙二醇反应器流出的乙二醇-水物流进入干燥塔。

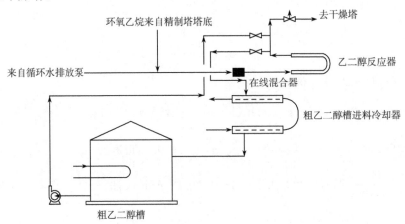

图 3-11 环氧乙烷与水反应流程图

三、水合反应器操作与控制

1. 开车前的检查和准备

（1）把循环水排放流量控制器置于手动，开始由循环水排放浓缩器底部向反应器进水，在乙二醇反应器进口排放这些水，直到清洁为止。

（2）关闭进口倒淋阀并开始向反应器充水，打开出口倒淋阀，关闭乙二醇反应器压力控制阀。当反应器出口倒淋阀排水干净时关闭它。

（3）来自精制塔塔底泵的热水用泵通过在线混合器送到乙二醇反应器，各种联锁报警均应校验。

（4）当乙二醇反应器出口倒淋排净时，把水送到干燥塔。

（5）运行乙二醇反应器压力控制器调节乙二醇反应器压力，使之接近设计条件。

（6）干燥塔在运行前，干燥塔喷射系统应试验。后面的所有喷射系统都遵循这个一般程序。为了在尽可能短的时间内进行试验，关闭冷凝器和喷射器之间的阀门，因此在试验期间塔不必排泄。

（7）检查所有喷射器的倒淋和插入热井底部水封的尾管，用水充满热井所有喷射器冷凝器，并密封管线。

（8）打开喷射器系统的冷却水流量。稍开高压蒸汽管线过滤器的倒淋阀，然后稍开到喷射泵的蒸汽阀。关闭倒淋阀，然后慢慢打开蒸汽阀。

（9）使喷射器运行，直到压力减少到正常操作压力。在这个试验期间应切断塔的压力控制系统。隔离切断阀下游喷射系统和相关设备，在 24 h 内最大允许压力上升速度为 33.3 Pa/h。如果压力试验满足要求，则慢慢打开喷射系统进口管线上的切断阀，直到干燥塔冷凝器的冷却水流量稳定。

（10）干燥塔压力控制系统和压力调节器设为自动状态（设计设定点）。到热井的冷凝液流量较少，允许在容器设定点溢流。

（11）喷射系统已满足试验条件后，关闭入口切断阀并停止喷射泵。根据真空泄漏的下降程度确定塔严密性是否完好。如果系统不能达到要求的真空，应检查系统的泄漏位置并修理。

2. 正常开车

（1）启动乙二醇反应器控制器。

（2）启动循环水排放泵。

（3）通过乙二醇反应器在线混合器设定乙二醇反应器的循环水排放量。

（4）精制塔塔底的流体，从精制塔开始，经过乙二醇反应器在线混合器和循环水混合后，输送到乙二醇反应器进行反应。

（5）设定并控制精制塔底物流的流量，控制循环水排放物流流量和精制塔底物流的流量，使之在一定的比例之下操作。如果需要，加入汽提塔底液位同循环水排入物料流量的串级控制。

3. 正常停车

（1）确定再吸收塔塔底的环氧乙烷耗尽，其表现为塔底温度将下降，通过再吸收塔的压差也将下降。

(2) 确定无环氧乙烷进入再吸收塔,再吸收塔和精馏塔继续运行,直到环氧乙烷含量为零为止。

(3) 关闭再吸收塔进水阀,停止塔底泵。

(4) 关闭精制塔塔底流体去乙二醇反应器的阀门。

(5) 当所有通过乙二醇反应器的环氧乙烷都被转化为乙二醇后,停止循环水排放流量。

如果停车持续时间超过 4 h,在系统中的所有环氧乙烷必须全部反应成乙二醇,这是很重要的。

4. 正常操作

(1) 乙二醇反应器进料组成。乙二醇反应器进料组成是通过控制循环水排放到混合器的流量和精制塔内环氧乙烷排放到混合器的流量的比例来实现的,通常该反应器进料中水与环氧乙烷摩尔比为 22:1。乙二醇反应器前的混合器的作用是稀释含有富醛的环氧乙烷排放物。如果不稀释,则乙二醇反应器中较高的环氧乙烷浓度容易形成二乙二醇、三乙二醇等高级醇。

(2) 乙二醇反应器温度。对于每反应 1% 的环氧乙烷,反应温度会升高约 5.5 ℃,因而乙二醇反应器内的温升(出口—进口)是精制塔塔底环氧乙烷浓度的良好测量方法。

正常乙二醇反应器进口温度应稳定在 110～130 ℃ 范围内,使出口温度在 165～180 ℃ 的范围内。如果乙二醇反应器进口混合流体的温度偏低,将会导致环氧乙烷不能完全反应,从而乙二醇反应器的出口温度也会偏低,产品中乙二醇的含量将会减小。

精制塔底部不含 CO_2 的环氧乙烷溶液质量分数为 10%,在该溶液被送进乙二醇反应器之前,先在反应器进料预热器中加热到 89 ℃,再输送到反应器一级进料加热器的管程,在 0.21 MPa 的低压蒸汽下加热至 114 ℃。再到反应器二级进料加热器的管程,由脱醛塔顶部的脱醛蒸汽加热到 122 ℃。然后进入三段加热器中,被壳程中的 0.8 MPa 的蒸汽加热至 130 ℃,进入乙二醇反应器。乙二醇反应器是一个绝热式的 U 形管式反应器,反应是非催化的,停留时间约 18 min,工作压力 1.2 MPa,进口温度 130 ℃,设计负荷情况下出口温度 175 ℃,在这样的条件下基本上全部的环氧乙烷都完全转化成乙二醇,质量分数约为 12%。

因此,可以直接通过控制加热蒸汽的量来控制乙二醇反应器的进口温度,当然有时也可以通过控制环氧乙烷的流量来控制乙二醇反应器的出口温度,从而提高产品中乙二醇的含量。

(3) 乙二醇反应器压力。在压力一定的情况下,当温度高到一定程度时,环氧乙烷会气化,未反应的环氧乙烷会增多,反应器出口未转化成乙二醇的环氧乙烷的损失也相应增加。因此,反应器压力必须高到能足以防止这些问题的发生。通常要求维持在反应器的设计压力,以保证在乙二醇反应器的出口设计温度下无气化现象。

通常情况下,乙二醇反应器的压力是通过该反应器上压力记录控制仪表来控制的,并将该仪表设定为自动控制。反应器内设计压力为 1 250 kPa,压力控制范围为 1 100~1 400 kPa。

5. 水合反应器常见异常现象的原因及处理方法

乙二醇生产过程中水合反应器常见异常现象及处理方法见表3-2。

表 3-2　常见异常现象及处理方法

序号	异常现象	原因分析判断	操作处理方法
1	所有泵停止	电源故障	① 立即切断通入乙二醇进料汽提塔、反应器进料加热器以及至所有再沸器的蒸汽; ② 重新调整所有其他的流量控制器,使其流量为零; ③ 电源一恢复,反应系统一般应按"正常开车"中所述进行再启动。在蒸发器完全恢复前,来自再吸收塔的环氧乙烷水的流量应很小; ④ 乙二醇蒸发系统应按"正常开车"中的方法重新投入使用
2	反应器温度达不到要求	蒸汽故障	① 精制工段必须立即停车; ② 立即关掉干燥塔、一乙二醇塔、一乙二醇分离塔、二乙二醇塔和三乙二醇塔喷射泵系统上游的切断阀或手控阀,以防止蒸汽或空气返回到任何塔中
3	反应温度过高	冷却水故障	① 停止到蒸发器和所有塔的蒸汽; ② 停止各塔和各蒸发器的回流; ③ 将调节器给定点调到零位流量; ④ 当冷却水流量恢复后,按"正常开车"中所述的启动
4	反应器压力不正常	真空喷射泵故障	① 关闭特殊喷射器的工艺蒸汽进口处的切断阀; ② 停止到喷射器塔的蒸汽、回流和进料; ③ 用氮气来消除塔中的真空,然后遵循相应的"正常停车"步骤,得乙二醇装置的其余设备
5	反应流体不能输送	泵卡	① 启动备用泵; ② 如果备用泵不能投入使用,蒸发系列必须停车; ③ 乙二醇精制系统可以运行以处理存量,或全回流,或停车

6. 管式反应器常见故障与维护要点

（1）常见故障及处理方法。连续操作管式反应器的常见故障及处理方法见表3-3。

表3-3 管式反应器常见故障及处理方法

序号	故障现象	故障原因	处理方法
1	密封泄漏	① 安装密封面受力不均； ② 振动引起紧固件松动； ③ 滑动部件受阻造成受热不均； ④ 密封环材料处理不符合要求	① 按规范要求重新安装； ② 把紧紧固螺栓； ③ 检查、修正相对活动部位； ④ 更换密封环
2	放出阀泄漏	① 阀杆弯曲度超过规定值； ② 阀芯、阀座密封面受伤； ③ 装配不当，使油缸行程不足，阀杆与油缸锁紧螺母不紧；密封面光洁度差；装配前清洗不够； ④ 阀体与阀杆相对密封面过大，密封比压减小； ⑤ 油压系统故障造成油压降低； ⑥ 填料压盖螺母松动	① 更换阀杆； ② 阀座密封面研磨； ③ 解体检查重装，并做动作试验； ④ 更换阀门； ⑤ 检查并修理油压系统； ⑥ 紧螺母或更换
3	爆破片爆破	① 膜片存在缺陷； ② 爆破片疲劳破坏； ③ 油压放出阀连续失灵，造成压力过高； ④ 运行中超温超压，发生分解反应	① 注意安装前爆破片的检验； ② 按规定定期更换； ③ 查油压放出阀连锁系统； ④ 做下列各项检查：接头箱超声波探伤，相接邻近超高压配管超声波探伤；经检查不合格接头箱及高压配管应更换
4	反应管胀缩卡死	① 安装不当使弹簧压缩量大，造成垫板厚度不当； ② 机架支托滑动面相对运动受阻； ③ 支承点固定螺栓与机架上长孔位置不正	① 重新安装；控制碟形弹簧压缩量，选用适当厚度的调整垫板； ② 检查清理滑动面； ③ 调整反应管位置或修正机架孔
5	套管泄漏	① 套管进出口因管径变化引起气蚀，穿孔套管定心柱处冲刷磨损穿孔； ② 套管进出接管结构不合理； ③ 套管材料较差； ④ 接口及焊接存在缺陷； ⑤ 连接管法兰紧固不均匀	① 停车局部修理； ② 改造套管进出接管结构； ③ 选用合适的套管材料； ④ 焊口按规范修补； ⑤ 重新安装连接管，更换垫片

（2）管式反应器维护要点。管式反应器与釜式反应器相比较,由于没有搅拌器一类转动部件,故具有密封可靠,振动小,管理、维护、保养简便的特点。但是,经常性的巡回检查仍是不可少的。运行中出现故障时,必须及时处理,决不能马虎了事。管式反应器的维护要点如下。

① 反应器的振动通常有两个来源:一是超高压压缩机的往复运动造成的压力脉动的传递;二是反应器末端压力调节阀频繁动作而引起的压力脉动。振幅较大时要检查反应器入口、出口配管接头箱固定螺栓及本体抱箍是否有松动,若有松动应及时紧固。但接头箱紧固紧栓只能在停车后才能进行调整。同时要注意碟形弹簧垫圈的压缩量,一般允许为压缩量的 50％,以保证管子热膨胀时的伸缩自由。反应器振幅控制在 0.1 mm 以下。

② 要经常检查钢结构地脚螺栓是否有松动,焊缝部分是否有裂纹等。

③ 开、停车时要检查管子伸缩是否受到约束,位移是否正常。除直管支架处碟形弹簧垫圈不应卡死外,弯管支座的固定螺栓也不应该压紧,以防止反应器伸缩时的正常位移受到阻碍。

第四节　管式反应器的优化(均相反应器的优化)

本课程研究的目的是实现化学反应过程的优化。化学反应过程的优化包括设计计算优化和操作优化两种类型。设计计算优化是根据给定的生产能力确定反应器类型、结构和适宜的尺寸及操作条件。操作优化是指反应器的操作必须根据各种因素的变化对操作条件做出相应的调整,使反应器处于最优条件下运转,以达到优化的目标。

化学反应过程的技术目标有:

反应速率——涉及设备尺寸,亦即设备投资费用;

选择性——涉及生产过程的原料消耗费用;

能量消耗——生产过程操作费用的重要组成部分。

由于能量消耗是从整个车间甚至整个工厂作为一个系统而加以考虑的,所以下面以反应速率(即反应器生产能力)和选择性两个目标加以讨论。对于简单反应过程,不存在选择性问题,唯一的目标是反应速率。对于复杂反应过程,则选择性是优化的主要目标。选择性决定了产品中原料的消耗程度。根据现代工业发展统计表明,原料费用在产品成本中占极大比重,可达 70％以上。而反应器设备和催化剂一般在产品成本中仅占很少份额,2％～5％。因此对复杂反应过程选择性将比反应速率重要得多,选择性是主要技术目标。选择性的本质是反应生成目的产物的主反应速率与生成副产物的副反应速率的相对比值,所以影响主副反应速率的因素也是影响选择性的主要因素,即也取决于反应物浓度和反应温度。对于复杂反应,应根据选择性要求确定优化的温度和浓度条件。

从工程角度看,优化就是如何进行反应器类型、操作方式和操作条件的选择并从工程上予以实施,以实现温度和浓度的优化条件,提高反应过程的速率和选择性。反应器的型式包括管式和釜式反应器及返混特性;操作条件包括物料的初始浓度、转化率(即最终浓度)、反应温度或温度分布;操作方式则包括间歇操作、连续操作、半连续操作以及加料方式的分批或分段加料等。

本课程的核心是化学因素和工程因素的最优结合。化学因素包括反应类型及动力学特性。工程因素包括反应器类型、操作方式和操作条件。只有列出反应器内传递过程影响化学反应的各种因素,才能有效、正确地使用反应器特征,并和传递过程规律相结合,以解决反应过程的优化问题。

一、简单反应的反应器生产能力比较

简单反应是指只有一个方向的反应过程,其优化目标只需要考虑反应速率。而反应速率直接影响反应器的生产能力,即单位时间、单位体积反应器所能得到的产物量,以达到给定生产任务所需反应器体积最小为好。前面已讨论了三种基本反应器类型:间歇操作釜式反应器、连续操作釜式反应器和连续操作管式反应器。在三种不同类型反应器中进行简单反应时表现出不同的结果,尽管工业反应器结构千差万别,然而可以根据这三种基本反应器的返混特征进行分析。不同返混程度的反应器,在工程上总设法使其返混状态接近于返混极大或返混极小两种极端状态。间歇操作釜式反应器和连续操作管式反应器,在操作方式上虽然一个是间歇操作,另一个是连续操作,但它们具有相同的返混特征——不存在返混。对于确定的反应过程,在这类反应器中的反应结果只由反应动力学确定。连续操作管式反应器和连续操作釜式反应器,虽然在操作方式上都是连续操作,但具有完全不同的返混特征。连续操作釜式反应器返混为最大,反应器中的物料浓度与反应器出口相同,即整个反应过程始终处于出口状态的浓度(或转化率)条件下操作。所以,对同一简单反应,在相同操作条件下,为达到相同转化率,连续操作管式反应器所需有效体积为最小,而连续操作釜式反应器所需有效体积为最大,前面例题的计算结果说明了这一点。换句话说,若反应器体积相同,则连续操作管式反应器所达到的转化率比连续操作釜式反应器要高。

1. 单个反应器

对于同一恒容反应,若初始浓度和反应温度都相同,$x_{A0}=0$,则达到相同的反应转化率 τ_A 时反应时间或反应体积的比较如下。

(1)间歇操作釜式反应器和连续操作管式反应器比较。

对间歇操作釜式反应器,其反应时间为

$$\tau_m = c_{A0} \int_0^{x_{Af}} \frac{\mathrm{d}x_A}{(-r_A)} \tag{3-7}$$

式中,τ_m 为间歇操作釜式反应器的反应时间,h。

对连续操作管式反应器

$$\tau_p = \frac{V_{Rp}}{V_0} = C_{A0} \int_0^{x_{Af}} \frac{\mathrm{d}x_A}{(-r_A)} \tag{3-8}$$

式中，τ_p 为连续操作管式反应器的反应时间，h；V_{Rp} 为连续操作管式反应器有效体积，m^3。

由式(3-7)和式(3-8)可知，$\tau_m = \tau_p$。仅从反应时间而言，在间歇操作釜式反应器和连续操作管式反应器中进行时，所需反应时间是相同的。但由于间歇操作需要辅助时间，所以实际计算时不能以反应时间为准，而以操作周期 $\tau_m + \tau_{辅}$ 为准，需要的反应器体积比连续操作管式反应器的体积要大。连续操作管式反应器不存在辅助时间，也没有装料系数问题。

(2) 连续操作釜式反应器和连续操作管式反应器比较。

对连续操作釜式反应器

$$V_{Rc} = \frac{V_0 c_{A0} x_{Af}}{(-r_A)} = \frac{F_{A0} x_{Af}}{(-r_A)} \text{ 或 } \tau_c = \frac{V_{Rc}}{V_0} = \frac{V_{Rc} c_{A0}}{F_{A0}} = \frac{c_{A0} x_{Af}}{(-r_A)} \tag{3-9}$$

则

$$\frac{\tau_c}{\tau_p} = \frac{V_{Rc}}{V_{Rp}} = \frac{\dfrac{x_{Af}}{(-r_A)}}{\displaystyle\int_0^{x_{Af}} \frac{\mathrm{d}x_A}{(-r_A)}} \tag{3-10}$$

式中，V_{Rc} 为连续操作釜式反应器的有效体积，m^3；τ_c 为连续操作釜式反应器的反应时间，h。

将反应速率和具体操作条件代入式(3-10)便可计算使用两种类型反应器有效体积大小比较关系。如恒容恒温过程的幂指数型动力学方程为 $(-r_A) = k c_A^n$，有

$$\frac{\tau_c}{\tau_p} = \frac{V_{Rc}}{V_{Rp}} = \frac{(n-1)x_{Af}}{(1-x_{Af}) - (1-x_{Af})^n}(n \neq 1) \tag{3-11}$$

或

$$\frac{\tau_c}{\tau_p} = \frac{V_{Rc}}{V_{Rp}} = \frac{\dfrac{x_{Af}}{(1-x_{Af})}}{-\ln(1-x_{Af})} = \frac{x_{Af}}{(x_{Af}-1)\ln(1-x_{Af})}(n=1) \tag{3-12}$$

以式(3-11)和式(3-12)用对比时间和对比体积对 n、x_{Af} 作图，即可看到有效体积比随着不同反应达到不同转化率时的变化关系，如图 3-12 所示。

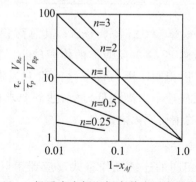

图 3-12　n 级反应在恒温恒容单个反应器中的性能比较

由图 3-12 可以看出,当转化率很小时,反应器的性能受流动状态的影响较小。当转化率趋于 0 时,连续操作釜式反应器与连续操作管式反应器体积比等于 1,即 $V_{Rc}=V_{Rp}$,$\tau_c=\tau_p$。而随着转化率的增加,两者体积比相差愈来愈显著。由此得出这样的结论:过程要求进行的程度(转化率)越高,返混影响就越大。因此,对高转化率的反应,宜采用连续操作管式反应器。

2. 多只串联连续操作釜式反应器

从连续操作釜式反应器和连续操作管式反应的计算公式出发,对同一反应达到同样的转化率,可以用图 3-13 的形式表明两种反应器的体积比。

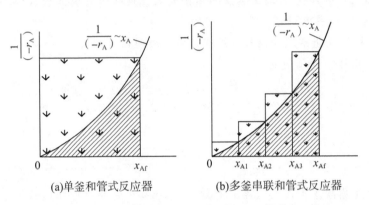

(a)单釜和管式反应器　　　(b)多釜串联和管式反应器

图 3-13　理想混合反应器和理想排挤反应器体积比较

$$\tau_p=\frac{V_{Rp}}{V_0}=c_{A0}\int_0^{x_{Af}}\frac{\mathrm{d}x_A}{(-r_A)}\ \text{和}\ \tau_{ci}=\frac{V_{Rci}}{V_0}=\frac{c_{A0}(x_{Ai}-x_{Ai-1})}{(-r_A)_i}$$

图 3-13 中(a)为单台连续操作釜式反应器和连续操作管式反应器体积之比的关系。图中矩形面积为 τ_c/c_{A0},曲线下面的积分面积为 τ_p/c_{A0}。很显然,$\tau_c>\tau_p$,理想混合反应器合理即 $V_{Rc}>V_{Rp}$,即单台连续操作釜式反应器的体积大于连续操作管式反应器的有效体积。

图 3-13 中(b)为同一反应达到同样的转化率使用多台串联连续操作釜式反应器和连续操作管式反应器的比较。按下式:

$$\tau_{ci}=\frac{V_{Rci}}{V_0}=\frac{c_{A0}(xAi-x_{Ai-1})}{(-r_A)i}$$

可得各个小矩形面积为 $\tau_{ci}/c_{A0}=\Delta x_{Ai}/(-r_A)_i$,其总面积之和要比单釜时的大矩形面积小得多,且串联釜数越多,需总反应器的体积越小。当串联釜数无限多时,则和连续操作管式反应器体积相同。因为每釜之间没有返混,从最前面第一釜开始,各釜中的反应物浓度和反应速率由高到低,最后达到要求的转化率,这就是生产中为何采用多釜串联反应器的主要原因之一。

3. 组合反应器的优化

前面介绍了在多台体积相同的连续操作釜式反应器串联时,完成同一个反应。τ_c/τ_p 值随着釜数的增加而减少,即总有效体积 V_{Rc} 变小。如果使用同样的釜数串联,达到相同的最终转化率,在各釜大小不同时,则其总需有效体积是不同的,因此有必要讨论有关多釜串联连续操作釜式反应器组合的优化问题。

(1) 多釜串联连续操作釜式反应器组合的优化。不同大小的多只连续操作釜式反应器串联操作时,若最终转化率已经给定,如何确定最优组合? 先介绍只有两只反应釜串联的情况。

图 3-14 表示的关系是两个反应器的交替排列,两者都达到相同的最终转化率,设法使体积最小,应选最优的 x_{A1},也就是确定图上 B 点的位置,使矩形 $ABCD$ 的面积最大。只有当 B 点正好处于曲线上斜率等于矩形对角线 AC 的斜率时矩形面积为最大。一般来说,对于 $n>0$ 的幂指数函数的动力学,总是正好有一个"最优点",如图 3-15所示。

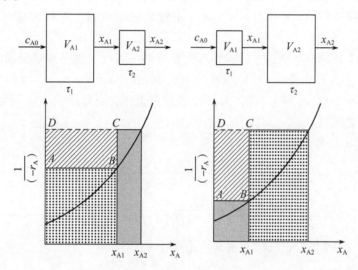

图 3-14　不同大小双釜串联比较

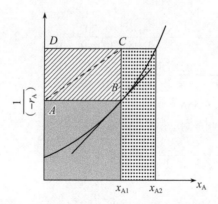

图 3-15　矩形面积法求最优化中间转化率

对于"最优点" x_{A1},也可用计算法直接求取。按多只串联连续操作釜式反应器计算公式得

$$\tau_1 = \frac{c_{A0} x_{A1}}{(-r_A)_1}$$

$$\tau_2 = \frac{c_{A0}(x_{A2} - x_{A1})}{(-r_A)_2}$$

当两釜串联时,两釜中的总停留时间等于两釜各自停留时间之和,即

$$\tau = \tau_1 + \tau_2 = \frac{c_{A0} x_{A1}}{(-r_A)_1} + \frac{c_{A0}(x_{A2} - x_{A1})}{(-r_A)_2} = \frac{c_{A0} x_{A1}}{k_1 f(x_{A1})} + \frac{c_{A0}(x_{A2} - x_{A1})}{k_2 f(x_{A2})}$$

在两釜串联中进行一级不可逆反应,且两釜反应器温度相同时,令 $\frac{\mathrm{d}\tau}{\mathrm{d}x_{A1}} = 0$,得

$$x_{A1} = 1 - (1 - x_{A2})^{1/2}$$

可见,对于一级反应,各釜大小相同时是最优的。对于反应级数 $n \neq 1$,$n > 0$ 时较小的反应器在前面,而对于 $n < 0$ 应先用较大的反应器。不同的情况应具体分析计算。

【例 3-3】在两台串联的连续操作釜式反应器中进行二级不可逆恒温液相反应:$A \rightarrow P$,反应速率方程为 $(-r_A) = kc_A^2$,$k = 9.92 \ \mathrm{m^3/(kmol \cdot s)}$,$V_0 = 0.287 \ \mathrm{m^3/s}$,$c_{A0} = 0.08 \ \mathrm{kmol/m}$,$x_{A2} = 0.875$。求:(1) 反应器最小总有效体积;(2) 两釜体积大小相等时总有效体积。

解:(1) 反应器最小总有效体积

由 $\quad \tau = \tau_1 + \tau_2 = \frac{c_{A0} x_{A1}}{k c_{A0}^2 (1 - x_{A1})^2} + \frac{c_{A0}(x_{A2} - x_{A1})}{k c_{A0}^2 (1 - x_{A2})^2}$

取 $\frac{\mathrm{d}\tau}{\mathrm{d}x_{A1}} = 0$,得 $\quad \frac{1 + x_{A1}}{(1 - x_{A1})^3} = \frac{1}{(1 - x_{A2})^2}$

以 $x_{A2} = 0.875$ 代入上式,化简得 $\quad x_{A1} = 1 - \left(\frac{1 + x_{A1}}{64}\right)^{1/3}$

用迭代法求得 $\quad x_{A1} = 0.7015$

则

$$V_{R1} = \frac{V_0 x_{A1}}{k c_{A0}(1 - x_{A1})^2} = \frac{0.278 \times 0.7015}{9.92 \times 0.08 \times (1 - 0.7015)^2} = 2.76 (\mathrm{m^3})$$

$$V_{R2} = \frac{V_0 (x_{A2} - x_{A1})}{k c_{A0}(1 - x_{A2})^2} = \frac{0.278 \times (0.875 - 0.7015)}{9.92 \times 0.08 \times (1 - 0.875)^2} = 3.89 (\mathrm{m^3})$$

$$V_{Rc} = V_{R1} + V_{R2} = 6.65 (\mathrm{m^3})$$

(2) 两釜体积大小相等时,有 $V_{R1} = V_{R2}$

则有 $\frac{V_0 x_{A1}}{k c_{A0}(1 - x_{A1})^2} = \frac{V_0 (x_{A2} - x_{A1})}{k c_{A0}(1 - x_{A2})^2}$

用试差法解得

$$x_{A1} = 0.725 \quad V_{R1} = V_{R2} = 3.36 \ \mathrm{m^3} \quad V_{Rc} = V_{R1} + V_{R2} = 6.72 \ (\mathrm{m^3})$$

上面两种情况计算结果比较,总需体积相差很小,取两釜体积相等为宜,即每釜都为 3.36 $\mathrm{m^3}$。

（2）自催化反应过程的优化。自催化反应是指反应产物本身具有催化作用,能加速反应速率的反应过程。如生化反应的发酵、废水生化处理都具有自催化反应特征。自催化反应表示为 $A+P\rightarrow P+P$,其反应速率方程为

$$(-r_A)=kc_Ac_p \qquad (3—13)$$

严格地讲,对于自催化反应,如果原料中一点也不存在产物时,反应速率应为零,反应不能进行,通常情况下则将少量反应产物加入原料中。

在反应初期,虽然反应物 A 的浓度高,但此时作为催化剂的反应产物 P 的浓度很低,所以反应速率较低。随着反应的进行,反应产物 P 的浓度逐渐增加,反应速率加快。在反应后期,虽然产物 P 的浓度很高,但因反应物 A 的消耗,其浓度大大降低,此时反应速率又下降。由此可见,自催化反应过程的基本特征是存在一个最大反应速率点,如图 3-16 所示。自催化反应虽然有独特的反应速率特征,但它在反应器中反应结果仍然可以用简单反应的处理方法进行计算。

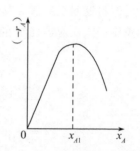

图 3-16　自催化反应速率
规律示意图

根据自催化反应存在最大反应速率点的特征,在反应器选型时,根据不同转化率的要求选用不同的反应器及其组合类型,以减小反应器体积。下面以图解法进行讨论。如图 3-17 所示,以 x_A 对 $1/(-r_A)$ 作图。如果自催化反应所要求转化率小于或等于 x_{A1},如图 3-17(c)所示,为达到相同转化率,连续操作釜式反应器显然比连续操作管式反应器体积小,表明返混是有利因素,因为返混导致反应器内产物和原料相混合,使低转化率时反应器内有较高的产物浓度,得到较高的反应速率。相反,当要求最终转化率较高时,如图 3-17(a)所示,返混则导致整个反应器处于低的原料浓度,反应速率很低,所以,为达到相同转化率,连续操作釜式反应器所需体积将大于连续操作管式反应器。当反应处于中等转化率时。如图 3-17(b)所示,两类反应器无多大差别。

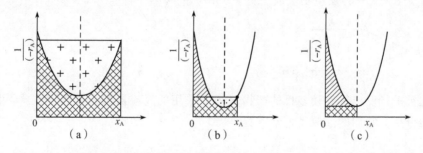

图 3-17　连续操作釜式反应器和连续操作管式反应器用于自催化反应性能比较

为了使反应器总体积最小，可选用一个连续操作釜式反应器，使反应器保持在最高速率处进行反应是有利的。为了使反应原料得到充分利用，达到较高的转化率，可以在连续操釜式反应器后串联一个连续操作管式反应器来达到高转化率要求。这里的最优反应器组合先用一个连续操作釜式反应器，控制在最大速率点处操作，然后接一个连续操作管式反应达到高转化率，以充分利用原料，其组合如图 3-18（a）所示。也可以在连续操作釜式反应器出口接一个分离装置，在反应器出口分离产物后原料返回反应器。其最优组合为一连续操作釜式反应器后接一个分离装置，连续操作釜式反应器控制在最大速率点处操作，图 3-18（b）所示。

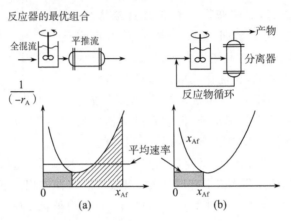

图 3-18　反应器组合的最优化

二、复杂反应选择性比较

复杂反应的种类很多，其基本反应是平行反应和连串反应，由平行反应和连串反应引发更复杂的反应。在选择反应器类型和操作方法时，对复杂反应过程必须考虑反应的选择性问题。

1. 平行反应

（1）反应为一种反应物生成一种主产物和一种副产物

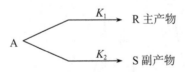

此类平行反应得到较多目的产物 R 所应采用的反应器类型和操作方式，可通过动力学分析。它们的反应动力学方程为

$$r_R = \frac{dc_R}{d\tau} = k_1 c_A^{\alpha_1} \qquad r_S = \frac{dc_S}{d\tau} = k_2 c_A^{\alpha_2}$$

定义选择性 $\qquad\qquad S_P = \frac{r_r}{r_S} = \frac{k_1}{k_2} c_A^{\alpha_1 - \alpha_2}$ （3-14）

可见，增大 r_R/r_S 可以增大反应的选择性，亦即得到较多的 R。因为在一定反应系统和温度时 $k_1, k_2, \alpha_1, \alpha_2$ 均为常数，故只要调节反应物浓度 c_A，就可得到较大的

r_R/r_S 值。由式(3-14)可得以下结论。

① 当 $\alpha_1 > \alpha_2$ 时,提高反应物浓度 c_A 则可使 r_R/r_S 增大。因为连续操作管式反应器内反应物的浓度较连续操作釜式反应器高,故适宜采用连续操作管式反应器,其次则采用间歇釜式反应器或连续操作多釜串联反应器。

② 当 $\alpha_1 < \alpha_2$ 时,降低反应物浓度 c_A 则可使 r_R/r_S 增大。为此,适宜采用连续操作釜式反应器。但在完成相同生产任务时所需釜式反应器体积较大,故需全面分析,再做选择。

③ $\alpha_1 = \alpha_2$ 时,$S_P = \dfrac{r_R}{r_S} = \dfrac{k_1}{k_2} =$ 常数,则反应物浓度的改变对选择性无影响。

(2) 反应为两种反应物生成一种主产物和一种副产物

$$A+B \begin{matrix} \nearrow^{k_1} R \\ \searrow_{k_2} S \end{matrix}$$

它们的动力学方程分别为

$r_R = k_1 c_A^{\alpha_1} c_B^{\beta_1}$,$r_S = k_2 c_A^{\alpha_2} c_B^{\beta_2}$

则反应的选择性 S_P 为

$$S_P = \frac{r_R}{r_S} = \frac{k_1}{k_2} c_A^{\alpha_1 - \alpha_2} c_B^{\beta_1 - \beta_2} \tag{3-15}$$

为了使选择性亦即 r_R/r_S 比值为最大,对各种所希望的反应物浓度的高、低或高—低结合完全取决于竞争反应的动力学。这些浓度的控制可以按进料方式和反应器类型调整。表 3-4 和表 3-5 表示了存在两个反应物的平行反应在间歇和连续操作时保持竞争浓度使之适应竞争反应动力学要求的情况。

表 3-4　间歇操作时,不同竞争反应动力学下的操作方式

动力学特点	$\alpha_1 > \alpha_2$, $\beta_1 > \beta_2$	$\alpha_1 < \alpha_2$, $\beta_1 < \beta_2$	$\alpha_1 > \alpha_2$, $\beta_1 < \beta_2$
控制浓度要求	应使 c_A、c_B 都高	应使 c_A、c_B 都低	应使 c_A 高、c_B 低
操作示意图			
加料方法	瞬间加入所有的 A 和 B	缓缓加入 A 和 B	先把全部 A 加入,然后缓缓加 B

表 3-5　连续操作时,不同竞争反应动力学下的操作方式其浓度分布

动力学特点	$\alpha_1 > \alpha_2 , \beta_1 > \beta_2$	$\alpha_1 < \alpha_2 , \beta_1 < \beta_2$	$\alpha_1 > \alpha_2 , \beta_1 < \beta_2$
控制浓度要求	应使 c_A、c_B 都高	应使 c_A、c_B 都低	应使 c_A 高、c_B 低
操作示意图			
浓度分布图			

2. 连串反应

连串反应情况更为复杂,在此只讨论一级连串反应。对于连串反应:

$$A \xrightarrow{k_1} R \xrightarrow{k_2} S$$

它们的动力学方程为

$$r_R = \frac{\mathrm{d}c_R}{\mathrm{d}\tau} = k_1 c_A - k_2 c_R$$

$$r_S = \frac{\mathrm{d}c_S}{\mathrm{d}\tau} = k_2 c_R$$

则反应的选择性 S_P 为

$$S_p = \frac{r_R}{r_S} = \frac{k_1 c_A - k_2 c_R}{k_2 c_R} \tag{3-16}$$

由式(3-16)可知:如 R 为目的产物,当 k_1、k_2 一定时,为使选择性 S_p 提高,即为使 r_R/r_S 比值增大,应使 c_A 高、c_R 低,适宜采用连续操作管式反应器、间歇操作釜式反应器和连续多釜串联反应器;反之,若 S 为目的产物,则应 c_A 低、c_R 高,适宜采用连续操作釜式反应器。但应注意:连串反应 R 生成物的增加有利于 S 的生成(特别是 $k_1 \ll k_2$ 时),故以 R 为目的产物时,应保持较低的单程转化率。当 $k_1 \gg k_2$ 时,可保持较高的反应转化率,这样可使选择性降低较少,但反应后的分离负荷却可以大为减轻,如图 3-19 所示。

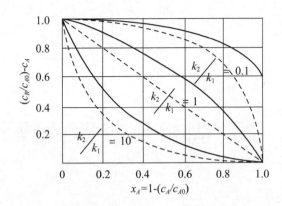

图 3-19　连续操作管式和釜式反应器选择性比较

由图 3-19 可以看到：① 连续操作管式反应的选择性高于连续操作釜式反应器；
② 连串反应的选择性随反应转化率的增大而下降；

③ 选择性与速率常数比值 k_2/k_1 密切相关，比值 k_2/k_1 越大，其选择性随转化率的增加而下降的趋势越严重。

根据以上分析可以知道，连串反应转化率的控制十分重要，不能盲目追求反应的高转化率。在工业生产上经常使反应在低转化率下操作，以获得较高的选择性。而把未反应的原料经分离后返回反应器循环使用，此时应以反应-分离系统的优化经济目标来确定最适宜的反应转化率。

3. 复合复杂反应

复合复杂反应如下所示：

$$A + B \xrightarrow{k_1} R$$

$$R + B \xrightarrow{k_2} S$$

$$A \xrightarrow{k_3} R \xrightarrow{k_4} S$$

上式即为典型的复合复杂反应。此反应中，对 B 而言是平行反应，对 A, R, S 而言则为连串反应。在处理复合复杂反应时，应根据具体情况分别处理。如果以解决 B 的转化率为主时，把复合复杂反应以平行反应处理；如果以解决 A 的转化率为主时，以连串反应处理。

第四章
气-固相反应器的操作与控制

知识目标

☎ 了解常用气-固相反应器的类型、结构、特点和应用；

☎ 了解催化剂、催化作用及其制备方法。

技能目标

☎ 能根据产品的生产原理选择合适的气-固相反应器类型；

☎ 能规范操作气-固相反应器；

☎ 能发现、分析、处理反应器出现的异常现象。

态度目标

☎ 具有团队精神和与人合作的能力；

☎ 具有与人交流沟通的能力；

☎ 具有较强的表达能力。

第一节　气-固相反应器的选择

化学工业中,最常用的气-固相反应器主要有固定床反应器和流化床反应器,其他还有移动床和滴流床反应器等。

一、固定床反应器的特点与结构

气体反应物通过由静止不动的催化剂构成的床层进行化学反应的装置称为固定床催化反应器,简称固定床反应器。在气-固相催化反应过程中,气体反应物在催化剂表面上进行反应,因而其反应器属于非均相反应器,这与前面讨论的均相反应器存在明显差异,在反应过程、动力学方程表达式、传质与传热过程及设计计算任务等方面都有所不同。

固定床反应器的主要优点如下:

(1)当气体流速达一定值后,其在床层内流动可看成平推流,故化学反应速率较高,完成同样的生产任务所需要的催化剂用量和反应器体积较小。

(2)流体通过床层的停留时间可严格控制,温度分布可适当调节,这样更有利于提高反应的转化率和选择性。

(3)列管式固定床反应器具有较好的耐压特性,适宜在高温、高压条件下操作,有利于提高以气体反应物为原料的反应速率和设备生产能力。

(4)固定床内的催化剂强度高,不易磨损,可长期连续使用。

但是,固定床反应器也有其缺点,主要表现在以下几方面:

(1)由于固定床床层内催化剂是静止不动的,而催化剂往往是热的不良导体,这就造成了固定床传热性能差,容易积热,温控难。对于放热反应,在固定床气体流动方向上往往存在一个最高温度点,通常称为"热点"。

(2)若固定床反应器设计或操作不当,以致床层内的"热点"温度超过工艺允许的最高温度,甚至失去控制,使催化剂活性、寿命、选择性、设备强度等受害,称为"飞温"。

(3)固定床反应器的催化剂不能过细,否则会造成流体阻力增大,影响正常操作。

(4)催化剂再生和更换不方便,也会影响正常生产。

目前,固定床反应器已经成为气-固相催化反应的最主要型式之一,它几乎适用于所有以气体反应物为原料在固体催化剂作用下的催化反应过程,因而在化工生产中得到广泛推广和应用。例如,石油炼制工业中的裂化、重整、加氢精制、异构化等;无机化学工业中的合成氨、合成硫酸、天然气转换等;有机化学工业中的乙苯脱氢制苯乙烯、苯加氢制环己烷、乙烯水合制乙醇、乙烯氧化制环氧乙烷等,这些都是固定床反应技术的典型应用实例。

(一)固定床反应器类型

近几十年来,随着石油化工生产的迅猛发展,尤其是精细化工产品的生产过程对反应设备、操作条件、工艺参数的控制等要求越来越高,为此研究开发了很多结构型式的固定床反应器,以适应不同的传热要求和传热方式。固定床反应器主要有绝热式和换热式两大类,其中以换热式列管固定床反应器最为常见,其结构如图4-1所示。

1. 绝热式固定床反应器——反应区不与外界进行热交换

分为单段绝热式和多段绝热式。

(1)单段绝热式:催化剂均匀堆积在床层底部的栅板上,内部无任何换热装置,如图 4-2 所示。其特点是热效应小,温度波动允许范围较宽,单程转化率较低,结构简单,造价低,反应器体积利用率较高。反应速率快时,可用薄层催化剂,热效应大也可,如乙苯脱氢制苯乙烯、乙烯水合制乙醇等。图 4-3 是甲醇在银或铜的催化剂上被空气氧化制甲醛,催化剂床层仅有 20 cm,迅速进入冷却器,防止甲醛进一步氧化或分解。

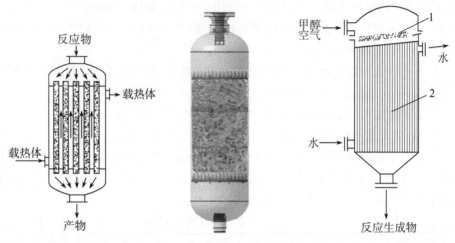

图 4-1　固定反应器　图 4-2　单段绝热式固定床反应器　　图 4-3　甲醇氧化制甲醛

(2) 多段绝热式固定床反应器:各段属于绝热式反应器,段间设有热交换,可改善反应区内轴向温度分布,使整个反应过程在适宜的温度下进行。段间换热可分为中间换热式和冷激式两种,见图 4-4。中间换热式是在段间安装换热器,作用是将上一段的反应器冷却,同时利用此热量将未反应的气体预热或通入外来载体取出多余反应热。此种换热是通过管壁完成热量交换,为间接换热。冷激式冷流体直接与上一段出口气体混合,以降低反应温度。

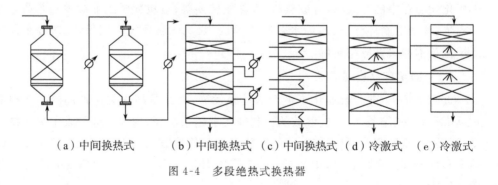

(a) 中间换热式　　(b) 中间换热式　(c) 中间换热式　(d) 冷激式　　(e) 冷激式

图 4-4　多段绝热式换热器

2. 换热式固定床反应器

当反应热效应较大时,为了维持一定反应温度条件,必须利用换热介质移走或供给热量,换热式固定床反应器是目前应用最为广泛的固定床反应器。由于换热介质不同,可分为对外换热式和自身换热式两种。

（1）对外换热式：以各种载体为换热介质,通过管壁与反应物料换热。以列管式固定床反应器最为常见。结构类似于列管式换热器,如图 4-1 所示,通常管内填充固体催化剂颗粒,管外走热载体。其特点是反应器换热效果较好,催化剂床层温度易控制。适合于热效应较大的反应过程,尤其是以中间产物为目的产物的强放热复合反应。管径相对较小,所以径向温度分布均匀。

列管式固定床反应器的列管大多选用导热系数较大的金属材料制成。热效应大,选用小管径,但要有度,管径过小会造成气体流动阻力增大,一般管径取 $20 \sim 50$ mm 为宜。各列管中的催化剂要装填均匀,使各管阻力相等,为使管中压力降较小,催化剂粒径一般为 $2 \sim 6$ mm。管程中的热载体可通过管壁换热的形式将反应热移走,以维持反应在适宜的温度下进行。通常根据反应所需要的温度范围、热效应大小、操作状况以及过程对温度波动的敏感性等来选择热载体。热载体在反应条件下应该具有良好的热稳定性和较大的热容,不形成沉积物,对设备无腐蚀,能长期使用,价廉易得等。常用的热载体及使用温度范围见表 4-1。但需注意的是,热载体温度与反应温度差不宜太大,以避免造成近壁处的催化剂过冷或过热。过冷的催化剂达不到"活性温度",不能发挥催化作用,过热的催化剂极有可能失活。热载体在管外通常采用强制循环的形式,以增强传热效果。

表 4-1　常用的热载体及温度范围

热载体	温度范围/K	组成	特点
水或加压水	$373 \sim 573$	水	潜热大,热稳定性好,无毒,腐蚀性小。使用时需注意水质处理,脱除水中溶解的氧
导热油	$473 \sim 623$	烃、醚、醇、硅油、含卤烃及含氮杂环	黏度低,无腐蚀,无相变,蒸汽压低,使用方便;既可用于加热,又可用于制冷
熔盐	$573 \sim 773$	KNO_3，$NaNO_3$，$NaNO_2$ 按一定比例组成	在一定温度时,呈熔融状态,挥发性很小。但高温下渗透性强,有较强的氧化性
烟道气	$873 \sim 1\,173$	CO,CO_2 等混合气体	流动性好,传热效率高,操作简单

表4-2中列出了几种采用不同热载体和循环方式的列管式固定床反应器的结构型式。

表4-2 几种常见的列管式固定床反应器

序号	结构型式	特点	生产实例
1	典型结构式	管内进行气-固相催化反应,管外走热载体,通过管壁进行换热	例如乙烯氧化制环氧乙烷,见图4-1
2	沸腾循环式	管外走沸腾状态的水,通过部分水汽化移走反应热,而热载体温度保持恒定	例如乙炔与氯化氢制氯乙烯,见图4-5
3	内部循环式	热载体在管外与筒体内做循环流动,所吸收的反应热再传递给其他热载体移走。其结构复杂,多见于以熔盐为热载体的高温反应	例如丙烯腈、顺酐的生产,见图4-6
4	外部循环式	热载体通过泵进行内外部循环流动,再由外部换热器对热载体进行冷却,以移走吸收的热量	例如乙烯氧化制环氧乙烷,见图4-7
5	气体换热式	当用液态热载体无法达到高温反应要求时,可以用流动性好的烟道气或其他惰性气体作为热载体	例如乙苯脱氢反应器

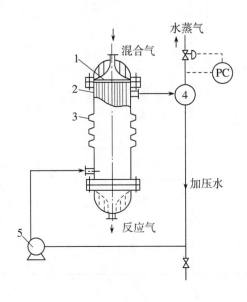

1—列管上花板;2—反应列管;3—膨胀圈;4—汽水分离器;5—加压热水泵
图4-5 以加压热水作热载体的固定床反应装置示意图

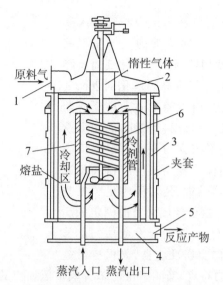

1—原料气进口；2—上头盖；3—催化剂列管；4—下头盖；5—反应器出口；6—人搅拌器；7—笼式冷却器

图 4-6　以熔盐为热载体的反应装置示意图

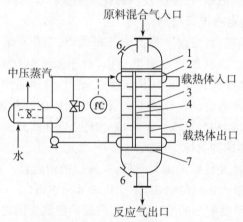

1—列管上花板；2,3—折流板；4—反应列管；5—折流板固定棒；6—人孔；7—列管下花板；8—热载体冷却器

图 4-7　以导生油为载热体的固定床反应装置示意图

（2）自身换热式：以原料气为换热介质，它能通过管壁将床层反应热移走而本身达到预热目的。该反应器集反应与换热于一体，设备更紧凑、高效，热量利用率和自动化程度高，适用于热效应不大的放热反应以及高压反应过程，例如合成氨和甲醇（如图 4-8）。

3. 固定床反应器发展方向——径向固定床反应器

近年来，径向固定床反应器在工业化生产中得到了广泛应用，它是为了提高催化剂利用率、降低床层压降而设计的。在径向固定床反应器中，催化剂呈圆环

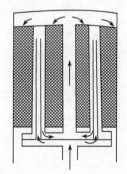

图 4-8　自热式固定床催化反应器结构示意图（双套管催化床）

柱状堆积在床层中,反应气体从床层中心管进入后沿径向通过催化剂床层。径向流动的气体流程缩短,流道截面积增大,虽使用较细颗粒催化剂而压降却不大,所以既节省了动力,又提高了催化剂表面利用率,如图4-9所示。正是由于径向固定床反应器的这些突出优点,引起了国内外科研机构的高度重视,各科研机构纷纷加大了研究与开发固定床反应器的力度,变传统的轴向流为径向流反应器和改进现有的径向固定床反应器结构,使之既满足了工艺要求,又提高了反应效率,这已经成为目前固定床反应器研究开发的重点。例如,近期开发成功的乙苯负压脱氢制苯乙烯的轴向负压反应器,既保持了径

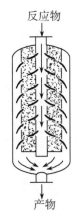

图 4-9　径向固定床反应器

向反应器所具有的低阻力特点,又能满足乙苯脱氢负压反应的工艺要求。径向固定床反应器最主要的难题是需要解决气体分布的均匀性问题,以避免出现因各处反应物料停留时间不同而造成返混、降低反应转化率和选择性等问题。

(二)固定床反应器的选择原则

选择固定床反应器应考虑温度是否能分布均匀、催化剂能否充分发挥作用。特别要控制好"热点温度"。所谓热点温度是指,对于强放热反应,径向和轴向都有温差,如果催化剂的导热性能良好,而气体流速又较快,则径向温差可较小。轴向的温度分布主要决定于轴向各点的放热速率和管外热载体的移热速率,一般沿轴向温度分布都会出现最高温度,称为热点。整个催化床层会有部分催化剂在所要求的温度范围外工作,影响了作用的发挥。

控制"热点"温度就是使轴向温差降低,可采取的措施有:

(1)在原料气中带入微量抑制剂,使催化剂部分中毒。

(2)在原料气入口处附近的反应管上层放置一定高度的已部分老化的催化剂或一定高度的已被惰性载体稀释的催化剂,这两点措施是降低入口处附近的反应速率,以降低放热速率,使与移热速率尽可能平衡。

(3)采用分段冷却法,改变移热速率,使之与放热速率尽可能平衡。

当采用固定床反应器进行气-固相催化反应时,为了强化生产过程,可从以下几方面来提高反应速率:

(1)保证径向、轴向温度分布均匀,使反应维持在最适宜的温度范围内进行。

(2)保证催化剂装填量充足而且装填均匀,使催化剂能充分发挥催化作用,以提高设备生产能力和目的产物的生成速率。

(3)减小气体物料通过催化剂床层的阻力,并增大空间速率以达到强化生产的目的。

二、流化床反应器的特点与结构

原料气以一定的流动速度使催化剂颗粒呈悬浮湍动,并在催化剂作用下进行化

学反应的设备称为流化床反应器,其结构如图 4-10 所示。流化床反应器中,在气流的作用下,床层上的固体催化剂颗粒剧烈搅动,上下沉浮,这种粒子像流体一样流动的现象称为固体流态化。

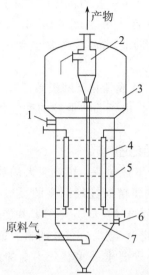

1—加料口;2—气-固分离装置;3—壳体;4—换热器;5—内部构件;6—卸料口;7—气体分布装置
图 4-10　流化床反应器结构图

(一)流化床反应器的特点

1. 优点

(1) 所用固体颗粒粒度小,因而具有较大的比表面积,使得气-固相间接触面积很大,从而提高了传质和传热速度,并且由于粒度小,降低了内扩散阻力,能充分发挥催化剂的效能。

(2) 床层内气流与颗粒剧烈搅动混合,使床层温度分布均匀,避免了局部过热或局部反应不完全的现象,传质和传热效率都很高,这对于某些强放热而对温度又很敏感的反应过程是十分重要的,因此被应用于氧化、裂解、焙烧以及干燥等过程。

(3) 固体颗粒的热容远比同体积气体的热容大(大 1 000 倍左右),可以利用循环颗粒作为传热介质,并且所需内换热器传热面积小,结构简单,可大大简化反应器的结构,节省投资。另外,由于颗粒的高热容及返混,能防止局部过热或过冷,因此在爆炸范围内的气体组成下操作或燃烧低热值的物料成为可能,且操作较稳定。

(4) 固体颗粒在流化床中可以有类似于流体的流动性,因此从床层中取出颗粒或向床层中加入新的颗粒都很方便。尤其对于催化剂容易失活的反应,可使反应过程和催化剂再生过程连续化,并且易于实现自动控制,可使设备的单位时间处理量增加。

2. 缺点

（1）流化床内气流和固体颗粒沿设备轴向混合（返混）很严重，使已反应的物质返回，导致反应物浓度下降，转化率下降，返混还使气体在床层内的停留时间分布不均匀，因而增加了副反应，导致反应过程的转化率下降和选择性变差。

（2）由于床层轴向没有浓度差和温度差，部分气体成为大气泡通过床层，使气-固相接触不良，催化剂的利用率降低，在要求到达高转化率时，这种状况更为不利。

（3）固体颗粒间剧烈碰撞，造成催化剂磨损破坏，增加了催化剂的损失和防尘的困难，需要增加回收装置。同时，由于固体颗粒的磨蚀作用，管子和容器的磨损也很严重，增大了设备的损耗。

（二）流化床反应器的应用范围

流化床反应器比较适用于下述过程：热效应大的放热或吸热反应；要求有均一的催化剂温度（等温反应）和需要精确控制温度的反应；催化剂寿命短，操作较短时间就需要更换的反应；有爆炸危险的反应。对于那些能够比较安全地在高浓度下操作的氧化反应，可以提高生产能力，减少分离和精制的负担。

流化床反应器一般不适用于要求一次转化率高的反应和要求催化剂有最佳温度分布的情况。

现在我国流化床催化反应器已应用于丁二烯、丙烯腈、苯酐的生产，乙烯氧氯化制二氯乙烷、气相法聚乙烯等有机合成以及石油加工中的催化裂化等。固体流态化技术除应用于催化反应过程外，还可应用于矿石焙烧，如硫酸生产中黄铁矿的焙烧、纯碱生产中石灰石的焙烧等。循环流化床燃烧技术是近 20 年来发展起来的新一代燃烧技术，被认为是煤炭燃烧技术的革新，已在世界范围内得到了广泛应用。流化床干燥器、流化床分离器在化工生产中被广泛使用。此外，流化床干燥器还常应用于冶金工业中的矿石浮选等工业部门。

（三）流化床反应器的分类

流化床的结构型式很多，但无论什么型式，一般都由气体分布装置、内部构件、换热装置、气体分离装置等组成。

气体分布装置包括气体预分布器和气体分布板两部分。其作用是使气体均匀分布，以形成良好的初始流化条件，同时支承固体颗粒。

内部构件包括挡网、挡板和填充物等，破碎气体形成大气泡，增大气-固的接触机会，减少返混，增加反应速度和提高转化率。

换热装置分为外夹套换热器和内管换热器，也可采用电感加热或载热体换热。用来取出或供给反应所需要的热量。

流化床反应器的分类方法见表 4-3。

表 4-3 流化床反应器的分类

分类方法	分类	特性
按固体颗粒是否在系统内循环分类	单器（或称非循环操作）流化床	多用于催化剂使用寿命较长的气-固相催化反应过程，见图 4-10
	双器（或称循环操作）流化床	靠控制两器的密度差形成压差，实现反应器和再生器之间的循环。多用于催化剂使用寿命短、容易再生的气-固相催化反应过程，见图 4-11
按照床层中是否有内部构件分类	自由床	床层中没有设置内部构件。适于反应速率快，延长接触时间不致产生严重副反应或对于产品要求不高的催化反应过程
	限制床	床层中采用挡网、挡板等作为内部构件。增进气-固接触，减少气体返混，优化气体停留时间分布，提高床层的稳定性，从而使高床层和高流速操作成为可能
按照反应器内层数的多少分类	单层流化床	气-固相间不能进行逆向操作，反应的转化率低，气-固接触时间短
	多层流化床	气流由下往上通过各段床层，流态化的固体颗粒则沿着溢流管从上往下依次流过各层分布板，可以满足某些需要在不同的阶段控制不同反应温度的反应过程的要求。但各层的气相与固相在流量及组成方面都是互相牵制的，所以操作弹性较小，在要求比较高的反应中一般难以应用，见图 4-12
按反应器的形状分类	圆筒形流化床	其结构简单，制造容易，设备容积利用率高，在设计和生产方面都积累了较丰富的经验，目前在我国已获得了普遍应用
	圆锥形流化床	锥形一般为 3~5°。固体粒子粒度较大，而且尺寸大小的范围又很宽，使大小粒子都能得到良好的流化，并且促进粒子的循环，见图 4-13

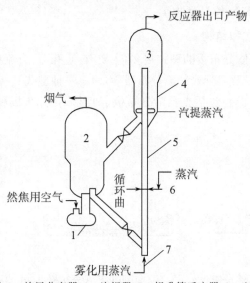

1—空气预热器；2—再生器；3—旋风分离器；4—汽提段；5—提升管反应器；6—上部进料管；7—下部进料管

图 4-11 双器流化床

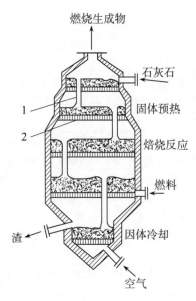

1—溢流管;2—气-固分布板

图 4-12　多层流化床焙烧石灰石

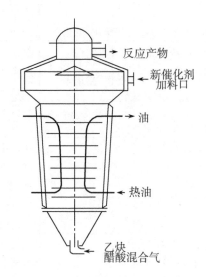

图 4-13　圆锥形流化床乙炔醋酸合成醋酸乙烯反应器

(四) 气体分布板

气体分布板位于流化床底部,是保证流化床具有良好而稳定流态化的重要构件,它的作用是支撑床层上的催化剂或者其他固体颗粒;具有均匀分布气流的作用,形成良好的起始流化条件;可抑制气-固系统恶性的聚式流态化,有利于保证床层稳定。分布板对整个流化床的直接作用范围仅为 0.3～0.4 m,然而它对整个床层流态化状态却具有决定性的影响。在生产过程中常会由于分布板设计不合理、气体分布不均匀,造成沟流和死区等异常现象。

1. 分布板的型式和结构

工业生产用的气体分布板的型式很多,主要有:直孔型、直流型、侧流型、密孔型、填充型、短管式分布板以及多管式气流分布器等,而每一种型式又有多种不同的结构。

(1) 直孔型分布板。包括直孔筛分布板、凹形筛孔分布板和直孔泡帽分布板,如图 4-14 所示:

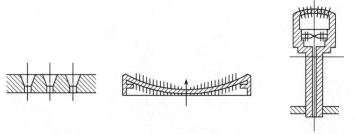

(a) 直孔筛分布板　　(b) 凹形筛孔分布板　(c) 直孔泡帽分布板

图 4-14　直孔型分布板

（2）直流型分布板。直流型分布板结构简单，易于设计制造。这种型式的分布板，由于气流正对床层，易产生沟流和气体分布不均匀的现象，流化质量较差。小孔容易堵塞，停车时又容易漏料，所以一般在单层流化床和多层流化床的第一层不采用这种型式。新型流化催化裂化反应器，因为催化剂颗粒与气流同时通过分布板，故采用凹形筛孔分布板。

（3）侧流型分布板。侧流型分布板如图 4-15 所示，这种分布板有多种型式，有条件侧缝分布板、锥形侧缝分布板、锥形侧孔分布板、泡帽侧孔分布板等。其中锥形侧缝分布板是目前被公认为较好的一种，现已为流化床反应器广泛采用。它是在分布板孔中装有锥形风帽，气流从锥帽底部的侧缝或锥帽四周的侧孔流出，因其不会在顶部形成小的死区，气体紧贴分布板吹出，不致使板面温度过高，避免发生烧结和分布板磨蚀现象，避免了直孔型分布板的不足。锥帽是浇铸并经车床简单加工做成的，故施工、安装、检修都比较方便。

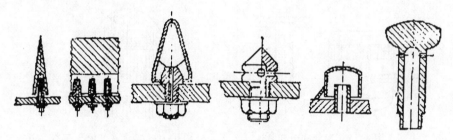

自左至右依次为条形侧缝分布板、锥形侧缝分布板、锥形侧孔分布板、泡帽侧缝分布板、泡帽侧孔分布板

图 4-15　侧流式分布板

无分布板的旋流式喷嘴。气体通过六个方向上倾斜 10° 的喷嘴喷出，托起颗粒，使颗粒激烈搅动。中部的二次空气喷嘴均偏离径向 20°～25°，造成了向上旋转的气流。这种流态化方式一般应用于对气体产品要求不严的粗粒流态化床中。

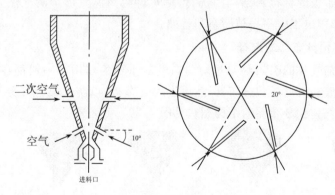

图 4-16　无分布板的旋流式喷嘴

（4）密孔型分布板。密孔型分布板又称烧结板，被认为是气体分布均匀、初生气泡细小、流态化质量最好的一种分布板。但因易被堵塞，并且堵塞后不易排出，加上

造价较高,所以工业中较少使用。

（5）填充式分布板。填充式分布板是在多孔板和金属丝网上间隔地铺上石英砂、卵石,再用金属丝网压紧。其结构简单,制造容易,并能达到均匀分布气体的要求,流态化质量较好。但在操作过程中,固

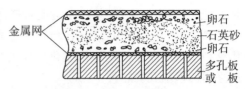

图 4-17　填充式分布板

体颗粒一旦进入填充层就很难被吹出,容易造成烧结。另外经过长期使用后,填充层常有松动,造成移位,降低了布气的均匀程度。

（6）短管式分布板。短管式分布板是在整个分布板上均匀设置了若干根短管,每根短管下部有一个气体流入的小孔。孔径为 9～10 mm,为管径的 1/4～1/3,开孔率约为 0.2%。短管长度为 200 mm。短管及其下部的小孔可以防止气体涡流,有利于均匀布气,使流化床操作稳定。

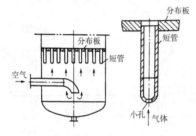

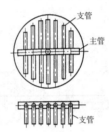

图 4-18　短管式分布板　　　　图 4-19　多管式气流分布器

（7）多管式气流分布板器。多管式气流分布板器是近年来发展起来的一种新型分布器,由一个主管和若干带喷射管的支管组成,由于气体向下射出,可消除床层死区,也不存在固体泄漏问题,并且可以根据工艺要求设计成均匀布气或非均匀布气的结构。另外分布器本身不同时支撑床层,可做成薄型结构。

选择和确定分布板型式,首先应考虑的是要有较好的流化质量,对于高温反应,还应注意分布板的材料和结构的选择,尽量避免高温变形影响气流分布,同时其压降要小,在操作过程中不易被堵塞和磨蚀。

2. 气体预分布器的选择

分布板前气体的引入状态对均匀布气起重要的作用。一般都在气体进入流化床反应器锥底前先通过预分布器,然后进入分布板,以防气流直冲分布板,影响均匀布气。常用气体预分布器的结构型式见图 4-20。

　帽式　　　同心圆锥壳式　　　充填式　　　　开口式　　　　弯管式

图 4-20　气体预分布器

（五）内部构件

气-固相催化反应在流化床中进行,对保持恒温反应、强化传热以及催化剂的连续再生等都具有独特的优点。但由于固体颗粒不断运动,使气体返混,再加上生成的气泡不断长大以及颗粒密集的原因,造成气-固接触不良和气体的短路,并且随着设备直径的增大,情况更加恶化,降低了反应的转化率,而这也成为流化床反应器的严重缺点。

为了提高流化床反应器的转化率,提高反应器的生产能力,必须加强气泡和连续相间的气体交换,减少气体返混,使气泡破碎以便增加气-固相间接触。实践证明,在床内设置内部构件是目前改善流化床操作的重要方法之一。

内部构件有垂直内部构件(如在床层中均匀配置直立的换热器)和水平内部构件(如栅格、波纹挡板、多孔板或换热管),而最常用的是挡板和挡网。

1. 斜片挡板的结构与特性

工业上采用的百叶窗式斜片挡板分为单旋导向挡板和多旋导向挡板两种。在气速较低(<0.3 m/s)的流化床层,采用挡板或挡网的效果差别不大。

由于挡板的导向作用使气-固两相剧烈搅动,催化剂的磨损较大,故在气速低而催化剂强度不高时,一般多采用挡网,反之则采用挡板。

(1)单旋导向挡板。单旋导向挡板使气流只有一个旋转中心,随着斜片倾斜方向不同,气流分别产生向心和离心两种旋转方向。向心斜片使粒子的分布为床中心稀而近壁处浓。离心斜片使粒子的分布在半径的二分之一处浓度小,床中心和近壁处浓度大。因此,单旋挡板使粒子在床层中分布不均匀,这种现象对于较大床径更为显著。为解决这一问题,在大直径流化床中都采用多旋导向挡板。

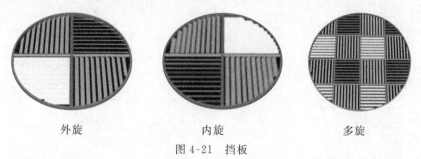

外旋　　　　　　内旋　　　　　　多旋
图 4-21　挡板

(2)多旋导向挡板。由于气流通过多旋导向挡板后产生几个旋转中心,使气-固两相充分接触与混合,并使粒子的径向浓度分布趋于均匀,因而提高了反应转化率。但是,由于多旋导向挡板较大限制了催化剂的轴向混合,因而增大了床层的轴向温度差。同时,多旋导向挡板结构复杂,加工不便。

2. 挡板、挡网的配置方式

挡网、挡板在床层中的配置方式在工业上有以下几种:向心挡板或离心挡板分别使用;向心挡板和离心挡板交错使用;挡网单独使用;挡板、挡网重叠使用。对于多旋导向挡板,每一组合件同为同旋,但还有左旋、右旋的区别,上、下两板的配置方位也有不同,其中以采用单旋导向挡板向心排列的流化床反应器较多。至于哪一种配置方式更好,还需进一步研究。

(六) 流化床内换热器

常见的流化床内换热器如图 4-22 所示,其中列管式换热器是将换热管垂直放置在床层内密相或创面上稀相的区域中。常见的有单管式和套管式两种,根据传热面积的大小,排成一圈或者几圈。载热体由总环管导入,经连接管分配至若干根直立的换热主管中,换热后再汇集到总管导出。若主管较长,则连接管部分应考虑高温下热补偿,做成弯管,以防管道破裂。灌输式换热器分立式和横排两种,横排的管束式换热器对流化质量有不良影响,常用于流化质量要求不高而换热量很大的场合,如沸腾燃烧锅炉等。鼠笼式换热器由多根直立支管与汇集横管焊接而成,这种换热器可以安排较大的传热面积,但焊缝较多。蛇管式换热器具有结构简单且不需要热补偿的优点,但与横排管束式换热器类似,换热效果差,对床层流态化质量有一定影响。U 形管式换热器是经常采用的类型,具有结构简单、不易变形和损坏、催化剂寿命长以及温度控制十分平稳的优点。

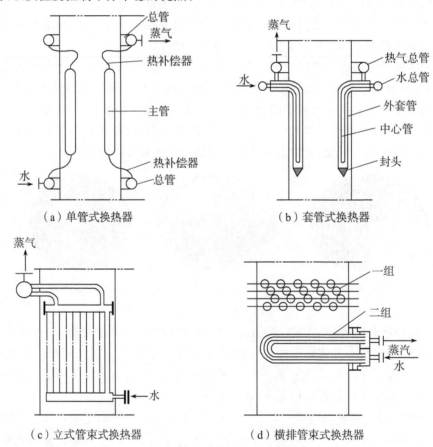

（a）单管式换热器　　　　　（b）套管式换热器

（c）立式管束式换热器　　　　（d）横排管束式换热器

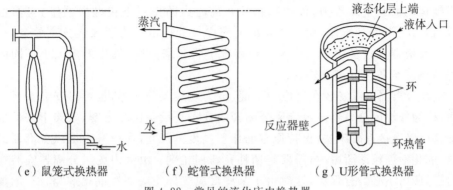

（e）鼠笼式换热器　　　（f）蛇管式换热器　　　（g）U形管式换热器

图 4-22　常见的流化床内换热器

（七）气-固分离装置

流化床中被气流夹带上去的固体颗粒,从经济或环境方面考虑,应当予以捕集回收。流化床回收固体颗粒的最通用设备是内过滤管和旋风分离器。

1. 内过滤管

有些生产过程被带出床外的固体颗粒很细小,为使带出的粒子尽量小,一般多采用内过滤器来分离气体中的固体颗粒。内过滤器一般做成管式,材料有素瓷管、烧结陶瓷管、开孔铁管和金属丝网管等。在开孔铁管或金属丝网管的外面包扎数层玻璃纤维布,许多过滤管组成了过滤器。气体从玻璃纤维布的细孔隙中通过,被夹带的绝大部分固体颗粒可被过滤下来。

内过滤管的分离效果高,离开反应器的气体纯净,但阻力较大,必须安设反吹装置,以便定时吹落积聚在过滤管上的粉尘,以减小气体流动阻力。

过滤器结构尺寸的选择,主要考虑过滤面积和过滤管开孔率,一般均按生产经验数据确定。对小型流化床反应器,过滤面积取为其床层截面积的 8~10 倍,对大的流化床反应器取其床层截面积 4~5 倍。得出过滤面积后,便可按管总外表面积求过滤管的开孔率。或先确定总开孔率、管径和管数,再计算求的总过滤面积。

对分离要求不太高或固体颗粒与气体分离不甚困难的生产过程,或者为避免因床层温度控制不当,而在过滤管表面发生催化反应,引起过滤管温变甚至燃烧时以及必须保持较小压降操作时,可不用过滤管,而改用内旋风分离器。

2. 旋风分离器

旋风分离器广泛应用于石油、化工、冶金等工业部门的固体颗粒回收或除尘。旋风分离器是一种靠离心作用把固体颗粒和气体分开的装置。结构如图 4-23,主要由筒体、进气管、圆锥体、排气管和排尘管组成。含有催化剂颗粒的气体由进气管沿切线方向进入旋风分离器内,在旋风分离器内

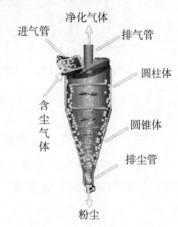

图 4-23　旋风分离器结构示意图

做回旋运动而产生离心力,催化剂颗粒在离心力的作用下被抛向器壁,与器壁相撞后,借重力沉降到锥底,而气体则由上部排气管排出。为了加强分离效果,有些流化床反应器在设备中把三个旋风分离器串联起来使用,催化剂按大小不同的颗粒先后沉降至各级分离器锥底。

旋风分离器可以安装在反应器里面,称为内旋风分离器,也可以安装在反应器外面,称为外旋风分离器。内旋风分离器的优点是设备比较紧凑,收集下来的催化剂细粒可以直接返回床层,保持原有的床层高度。因此,在没有内旋风分离器的床层内,催化剂细粒逐渐减少,需要定期补充新催化剂。由于内旋风分离器安装在设备内部,所以不必另行保温,这对由于某些反应气体冷凝而和催化剂"和泥"问题的解决尤为有利。例如,硝基苯催化还原氨化,在气-固分离部分会有结晶产生,如果采用内过滤器或未保温外旋风分离器,就很难维持正常生产,而采用内旋风分离器该问题就容易解决了。

旋风分离器分离出来的催化剂靠自身重力通过料腿或下降管回到床层,此时料腿出料口有时能进气造成短路,使旋风分离器失去作用。因此,在料腿中加密封装置,防止气体进入。密封装置种类很多,如图 4-24 所示。

双锥堵头是靠催化剂本身的堆积防止气体窜入,当堆积到一定高度时,催化剂就能沿堵头斜面流出。第一级料腿用双锥堵头密封。第二级和第三极料腿出口常用翼阀密封。翼阀内装有活动挡板,当料腿中积存的催化剂的重量超过翼阀对出料口的压力时,此活动板便打开,催化剂自动下落。料腿中催化剂下落后,活动挡板又恢复原样,密封了料腿的出口。翼阀的动作在正常情况下是周期性的,时断时续,故又称断续阀。也有的采用在密封头部送入外加的气流,有时甚至在料腿上、中、下处都装有吹气管和测压口,以掌握料面位置和保证细粒畅通。料腿密封装置是生产中的关键,要经常检修,保持灵活好使。

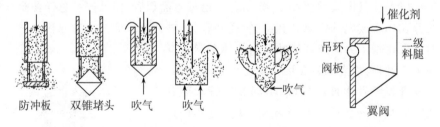

图 4-24　各种密封料腿示意图

三、气-固相催化反应器的选择

气-固相催化反应器的选择一般可从反应特点、反应热、工艺要求、反应器特点、催化剂性能等方面综合考量。表 4-4 所示为气-固相催化反应器选择举例。

表 4-4　气-固相催化反应器选择举例

型式	适用的反应	应用特点	应用举例
固定床	气-固(催化或非催化)相	返混小,高转化率时催化剂用量少,催化剂不易磨损,但传热控温不易,催化剂装卸麻烦	乙苯脱氢制苯乙烯,乙炔法制氯乙烯,合成氨,乙烯法制醋酸乙烯等
流化床	气-固(催化或非催化)相	传热好,温度均匀,易控制,催化剂有效系数大,粒子输送容易,但磨耗大,床内返混大,对高转化率不利,操作条件限制较大	萘氧化制苯酐,石油催化裂化,乙烯氧氯化制二氯乙烷等
移动床	气-固(催化和非催化)相	固体返混小,固气比可变性大,但粒子传送较易,床内温差大,调节困难	石油催化裂化,矿物的焙烧或冶炼

第二节　催化剂

一个化学反应要在工业上实现,基本要求是该反应要以一定快的速率进行。欲提高反应速率,可以有多种手段,如用加热、光化学、电化学和辐射化学等方法。加热的方法往往缺乏足够的化学选择性,其他的光、电、辐射等方法作为工业装置使用往往需要消耗额外的能量。而用催化的方法,既能提高反应速率,又能对反应方向进行控制,且原则上催化剂是不消耗的。因此,应用催化剂是提高反应速率和控制反应方向较为有效的方法。

在催化反应体系中,催化剂的催化作用本质是:由于参与反应过程,使反应历程发生了变化,从而降低了反应活化能,提高了反应速率,因而可以大大提高生产能力、降低能量消耗。由于催化剂在参与化学反应的中间过程后又恢复到原来的化学状态而循环起作用,所以一定量的催化剂可以促进大量反应物起作用,生成大量的产物。例如,氨合成采用熔铁催化剂,1 t 催化剂能生产出约 20 000 t 氨。应该注意,在实际反应过程中,催化剂并不能无限期使用。因为催化作用不仅与催化剂的化学组成有关,亦与催化剂的物理状态有关。例如,在使用过程中,由于高温受热而导致反应物的结焦,使得催化剂的活性表面被覆盖,致使催化剂的活性下降。

一、催化剂的基本特征

(1) 催化剂只对热力学可能发生的反应起催化作用,热力学上不可能发生的反应,催化剂对它不起作用。这就告诉人们,在开发一种新的化学反应催化剂时,首先要对该反应系统进行热力学分析,看它在该条件下是否属于热力学上可行的反应,如果不可行,就不要为它白白浪费人力和物力去寻找高效催化剂。

(2) 催化剂只改变反应途径(又称反应机理),不能改变反应的始态和终态。它同时加快了正、逆反应速率,缩短了达到平衡所用的时间,并不能改变平衡状态。

例如,合成甲醇反应 $CO+2H_2 \longrightarrow CH_3OH$,而该反应需要在高压下进行,因此合成甲醇反应催化剂的筛选就可以利用在常压下进行的甲醇分解反应来初步判断。

(3) 催化剂有选择性,不同的反应常采用不同的催化剂,即每个反应有它特有的催化剂。同种反应如果能生成多种不同的产物时,选用不同的催化剂会有利于不同种产物的生成。例如,以合成氨为原料,可用四种不同催化剂完成四种不同的反应:

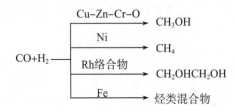

这种选择关系的研究是催化研究中的主要课题,常常要付出巨大的劳动才能创立高效率的工业催化过程。亦正是这种选择关系,使人们有可能对复杂的反应系统从动力学上加以控制,使之向特定反应方向进行,生产特定的产物。

(4) 每种催化剂只有在特定条件下才能体现出它的活性,否则将失去活性或发生催化剂中毒。

二、催化剂的组成与性能

1. 催化剂的组成

(1) 活性组分。催化剂的主要组分,是起催化作用的根本性物质,决定了催化剂的特性。活性组分有时由一种物质组成,如乙烯氧化制环氧乙烷的银催化剂,活性组分就是银一种单一物质;有时则由多种物质组成,如丙烯氨氧化制丙烯腈用的钼铋催化剂,活性组分就是由氧化钼和氧化铋两种物质组合而成。常用的活性组分主要有金属、金属氧化物、硫化物、盐类以及酸性催化剂。

(2) 助催化剂。助催化剂与活性组分的区别没有严格的界限,但人们往往把用量少,能提高主催化剂的活性、选择性、稳定性以及能改善催化剂的耐热性、抗毒性、机械强度和延长寿命等性能的组分称为助催化剂,助催化剂本身不具有或很少有活性。例如,用于脱水的 Al_2O_3 催化剂可以用 CaO、MgO、ZnO 为助催化剂。

(3) 载体。载体是沉积催化剂的骨架,催化剂的活性组分通常分散在载体表面上。催化剂载体并非完全是惰性的,高比表面的载体往往表现出一定的活性,甚至可以通过与催化剂的活性组分形成新的活性结构而具有催化作用,催化剂载体是否具有催化作用取决于反应体系与反应条件。氧化铝、硅胶、分子筛、沸石等是常用的催化剂载体。

（4）抑制剂。大多数化工使用的催化剂是由活性组分、助催化剂和载体这三大部分构成，个别情况也有多于或少于这三部分的。如果在活性组分中添加少量的物质，便能使活性组分的催化活性适当调低，甚至在必要时大幅度地下降，则这样的少量物质称为抑制剂。抑制剂的作用正好和助催化剂相反。

一些催化剂配方中添加抑制剂是为了使工业催化剂的诸性能达到均衡匹配，整体优化。有时，过高的活性反而有害，它会影响反应器移热而导致"飞温"，或者导致副反应加剧，选择性下降，甚至引起催化剂积炭失活。

表 4-5　几种催化剂的抑制剂

催化剂	反应	抑制剂	作用效果
Fe	氨合成	Cu,Ni,P,S	降低活性
$Al_2O_3 \cdot SiO_2$	柴油裂化	Na	中和酸点，降低活性
Ag	乙烯环氧化	1,2-二氯乙烷	降低活性，抑制深度氧化

2. 催化剂的性能

（1）活性。催化剂的活性是指催化剂改变反应速率的能力，它反映了催化剂在一定的工艺条件下的催化性能，是催化剂性能的主要指标。工业上常用反应转化率来表示催化剂活性，有时也可以用空时收率、催化剂负荷来表示。

空时收率是指单位时间内单位体积或单位质量催化剂上生成目的产物的数量，常表示为：目的产物千克数/［立方米（或千克）催化剂·小时］。这个量直接给出生产能力，生产和设计部门使用最为方便。在生产过程中，常以催化剂的空时收率来衡量催化剂的生产能力，它也是工业生产中经验计算反应器的重要依据。

催化剂活性不但与反应物和催化剂接触的表面积大小有关，还与制备工艺、条件、活性组分的分散程度、催化剂晶格缺陷、催化剂表面的化学物种及其电子结构等诸多因素有关。

（2）选择性。催化剂的选择性是指若催化反应在热力学上有几个反应方向时，一种催化剂在一定条件下只对其中的一个反应起加速作用的特征，这也是催化剂所具有的特性之一。对于工业催化剂而言，当存在几个热力学可能进行的反应方向时，往往对催化剂的选择性要求更高。

影响催化剂选择性的因素很多，除了活性组分以外，还包括活性组分在催化剂表面上的定位与分布、微晶的粒度大小、催化剂或载体的孔容、孔径分布等因素。当有中间产物生成时，传质与扩散过程也将影响反应的选择性。对串联反应而言，降低内扩散阻力是提高催化剂选择性的关键。

（3）稳定性。催化剂的稳定性是指催化剂在使用过程中的物理状态、化学组成和结构在较长时间内保持不变的性质。催化剂的稳定性主要包括耐热稳定性和抗毒稳定性两方面。

影响催化剂稳定性的因素主要有催化剂中毒、活性组分流失、活性金属烧结或微晶粒长大、载体孔结构的烧结、活性表面结炭或吸附原料杂质、催化剂强度受损等。

催化剂的活性、选择性和稳定性是催化剂的重要性能指标,通常称为催化剂的"三性"。

(4) 其他性能指标。一个优良的催化剂还应该具有适宜的化学组成和足够的机械强度、良好的比表面积与孔体积以及合适的形状和大小。

在保证整个催化剂具有良好的传热基础上,提高原料转化率即催化剂活性,可以提高催化剂的生产能力,这是催化剂研究首先需要考虑的。对于复合反应而言,提高催化剂的选择性,可以提高原料利用率,降低分离设备与操作费用,这对于药物或精细化学品合成来说显得尤为重要。由于催化剂失活、再生与更换都需要停车,因而延长催化剂的寿命,使其达到具有工业使用价值的要求也是考核催化剂性能的重要指标。

工业生产使用的催化剂必须能在实际生产操作的压力、温度、反应物浓度、流速以及接触时间等条件下长期正常运行,并能保持良好的活性和选择性,对超温、毒物具有很好的稳定性。同时,在催化剂的使用寿命期内,还应该具有良好的抗压碎强度、耐气流冲击及磨损以及易再生等特性。为此,工业催化剂必须满足下列基本要求。

① 活性好:催化剂的用量少而能够转化的物料量大。但对强放热反应,传热差时,过高的活性易造成"飞温"。

② 选择性高:降低副反应,降低分离负荷。

③ 寿命长:更换催化剂周期长,否则固定床中催化剂更换、再生需停产。通常固定床反应器要求的工业催化剂寿命至少为 1 000 h,长的可达十多年。

④ 稳定性好:包括化学稳定性、热稳定性、机械稳定性。

⑤ 抗毒能力强:催化剂在使用过程中常会受到原料或反应产生的杂质毒害而引起催化剂性能的下降,这就要求催化剂对毒物具有较强的抵抗能力。

⑥ 易再生:可用较为简便的方法在反应器内或器外进行再生,恢复催化剂的活性。

三、催化剂的制备

催化剂的活性、选择性和稳定性与其化学组成和物理性质密切相关,而物理性质又往往取决于催化剂的制备工艺和活化方法。固体催化剂的制备方法很多,由于制备方法的不同,尽管原料与用量完全一致,但所制得的催化剂性能仍可能有很大的差异。因为工业催化剂的制备过程比较复杂,许多微观因素较难控制,目前的科学水平还不足以说明催化剂的奥秘。

通常情况下,天然矿石和工业化学品不能直接用作催化剂,必须经过化学(或物理)加工处理制得具有规定组成、结构、形状时,才能满足特定催化剂体系的要求。

1. 制备步骤

催化剂的制备过程大致可分为如下三个阶段。

(1) 基体的制备——在催化剂生产过程中,有效组分已形成初步结合的固体半成品。在这一阶段,催化剂已具备必要的组分,各活性组分之间、活性组分与助催化剂之间、活性组分和助催化剂与载体之间通过简单混合、吸附等形式,形成初步结合关系,生成固溶体乃至化合物。

（2）成型——上述基体制成特定的几何形状和尺寸，使其最终具有一定的机械强度。催化剂的几何形状是多样的，如球状、小圆柱状、片状、条状、环状、蜂窝状、粉末状或不规则粒状等。几种常见的催化剂形状如图 4-25。

图 4-25　几种常见的催化剂形状

（3）活化——改变基体性质，使之满足最终化学组成和结构的要求。

2. 制备方法

催化剂的制备方法很多，且制备方法对催化剂的催化性能会产生一定的影响。目前，工业上使用的固体催化剂的制备方法有沉淀法、浸渍法、机械混合法、离子交换法、熔融法等。

（1）浸渍法：浸渍法是将载体加入可溶性而又易于分解的盐溶液（如有机酸盐、硝酸盐、铵盐）中进行一次或多次浸渍，然后进行干燥和焙烧制得催化剂。在焙烧过程中，由于盐类分解，沉积在载体上的即为催化剂所需的活性组分。浸渍法之所以能把催化剂的有效组分附着在催化剂的内外表面上，主要是通过两种作用：一是催化剂载体表面的吸附；二是因表面张力产生的毛细管压力，使流体渗透到毛细管内部。

浸渍法是制备负载型催化剂最常用的方法，可分为过量法、等体积法和流化法三种。催化剂中金属含量可通过控制浸渍液浓度和用量的方法很方便地达到，且浸渍法的制备过程简单、组分分散均匀、易成型，因此，它是贵重金属催化剂最常用的制备方法。如用于加氢反应的载于氧化铝上的镍催化剂 Ni/Al_2O_3，其制造方法是将抽空的氧化铝粒子浸泡在硝酸镍溶液里，然后移除掉过剩的溶液，在炉内加热使硝酸镍分解成氧化镍。这种催化剂在使用前需要将氧化镍还原成金属镍，还原过程可在反应器内进行。

所制备的催化剂活性与活性组分的载体用量比、载体浸渍时溶液的浓度、浸渍后干燥速率等因素有关。

（2）沉淀法：沉淀法是先将载体放入含有金属盐类的水溶液中，然后在搅拌作用下加入沉淀剂，使催化剂组分沉淀在载体上，经洗涤、干燥和焙烧制得催化剂。沉淀法对催化剂性能的影响因素较多,如溶液浓度、温度、加料顺序、搅拌速度、沉积速度、pH、老化温度与时间等,而沉淀条件则需要通过反复试验来确定。沉淀剂一般选用氢氧化物、碳酸盐等碱性物质和硫酸盐、硝酸盐、盐酸盐、有机酸盐等盐类。沉淀法用于制备单组分和不含载体的催化剂较为常见,它也可以用于制备多组分或含载体的催化剂。

(3)混合法:将一定比例的各个组分做成浆料后干燥、成型,再经过活化处理制得催化剂。由于催化剂内部的活性组分(即不裸露在内外表面的部分)不参与催化反应,同时成型时难以达到如硅胶、氧化铝样的内外表面,因此活性组分利用率不高。

上述三种制备方法是制备负载型催化剂最常用的方法,为了在后续处理焙烧阶段不残留杂质,应尽可能地选用易分解的原料,如有机酸盐、硝酸盐、碳酸盐等,避免使用硫酸盐、盐酸盐等,因为硫酸盐和盐酸盐的分解温度一般比较高,并且会因分解不完全而有所残留,同时硫和氯是引起催化剂中毒最常见的元素。

(4)熔融法:在高温条件下进行催化剂各组分的熔合,使之形成均匀的混合体、合金固溶体或氧化物固溶体。在熔融温度下,金属、金属氧化物都呈流体状态,有利于它们混合均匀,促使助催化剂组分在活性组分上分布均匀。

熔融法制造工艺显然是高温下的过程,因此温度是关键性的控制因素。熔融温度的高低,视金属或金属氧化物的种类和组分而定。熔融法制备的催化剂活性好、机械强度高且生产能力大,局限性是通用性不大,主要用于制备氨合成的熔铁催化剂、Fischer-Tropsch 合成催化剂、甲醇氧化的 Zn-Ga-Al 合金催化剂等。其制备程序一般为:固体粉碎—高温熔融或烧结—冷却—破碎成一定的粒度—活化。例如目前合成氨工业上使用的熔铁催化剂,就是将磁铁矿 Fe_3O_4、硝酸钾、氧化铝于 1 600 ℃高温熔融,冷却后破碎到几毫米的粒度,然后在氢气或合成气中还原,即得 $Fe-K_2O-Al_2O_3$ 催化剂。

(5)制备方法新进展。近年来,以催化剂制备方法为核心的催化剂技术不断发展,形成了与前述几大传统制备方法有原则区别的许多新的方法和技术。

目前,均相催化剂特别是均相络合物催化剂,在化工生产中的应用比例在提高,特别是在聚合催化剂领域;酶催化剂也在扩大其在化工催化中的应用。其中,自然也要包括一些有别于传统固体催化剂制造方法的新型制备方法。

① 纳米技术。近年来涌现出的超细微粒新材料,即纳米材料,其发展特别引人注目。这种纳米新材料的主要特征,是其材料的基本构成是数个纳米直径的微小粒子。

实验证明,构成固体材料的微粒如果再充分细化,由微米级再细化到纳米级别之后,由量变到质变,将可能产生很大的"表面效应",其相关性能会发生飞跃性突变,并由此带来其物理的、化学的以及物理化学的诸多性能的突变,因而赋予材料一些非常或特异的性能,包括光、电、热、化学活性等各个方面。现以铜离子为例说明这种纳米微粒的表面效应。

铜粒子粒径越小,其外表面积越大,从微米级到纳米级大体呈几何级数增加趋势,如表 4-6 所示。

表 4-6 铜粒子粒径与表面积

粒径/nm	外表面积/(m²/g)		粒径/nm	外表面积/(m²/g)
10 000	0.068		10	68
1 000	0.68		1	680
100	6.8			

同时,如果铜粒子细到 10 nm 以下,即进入纳米级,则每个微粒将成为含约 30 个原子的原子簇,几乎等于原子全集中于这些纳米粒子的外表面,如图 4-26 所示。

从图 4-26 中看出,当超细铜粒子细于 10 nm 以后,80% 以上的原子簇均处于其外表面。假定这些超细铜粒子用作催化剂,这将对气-固相反应表面结合能的增大有重要影响。因为表面现象的研究证明,表面原子与体相中的原子大不相同。表面原子缺少相邻原子,有许多悬空的键,具有不饱和性质,因而易于与其他原子相结合,反应性就会显著

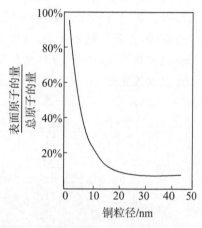

图 4-26 铜粒子粒径与表面原子比例的关系

增加。这样一来,新制的超细粒子金属催化剂,除贵金属而外,都会接触空气而自燃;其光催化作用强化,用于某些废水光催化处理,可在 2 min 内达到 98% 的无害转化;用于太阳能电池的超细粒子,提高了光电转化效率。

至于超细粒子催化剂的制备方法,物理机械的方法有胶体磨、低温粉碎等特殊设备加工。而化学方法中,若干传统制法如果进一步加以改进和提高,已经可以在某些方面达到或接近纳米级催化材料的水平。

② 气相淀积技术。所谓气相淀积是利用气态物质在一固体表面进行化学反应后在其上生成固态淀积物的过程。下面的反应比较常见,可以此为例说明:

$$2CO \rule[0.5ex]{1.5em}{0.4pt} CO_2 + C(250\ ℃)$$

这个反应早已用于气相法制超细炭黑,用作橡胶填料。厨房炉灶中的热烟气在冷的锅底或烟囱壁形成炭黑,也就是发生了这种气相淀积现象。

气相淀积反应与前述的溶液中的沉淀反应不同,它是在均匀气相中一两个分子反应后从气相分别沉淀而后积于固体表面。因此可知:第一,它可以制超细物,其他种分子不可能在完全相同的条件下正好也发生淀积反应,于是可以超纯;第二,它是在由分子级别上淀积的粒子,可以超细。沉积的细粒还可以在固体上用适当工艺引导,形成一维、二维或三维的小尺寸粒子、晶须、单品薄膜、多晶体或非晶形固体。因此,从另一个角度看,也可视为是纳米级的小尺寸材料。

下面的一些淀积反应机理已比较成熟,有一定应用价值,其中有些反应可望用于催化剂制备:

$$SiH_4 \xrightarrow[\text{(气)}]{800\sim 1\,000\,℃} Si\downarrow +2H_2\text{（用于制集成电路用单晶硅）}$$

$$Pt(CO)_2Cl_2 \xrightarrow[\text{(蒸气)}]{600\,℃} Pt\downarrow +2CO+Cl_2\text{（用于金属镀 Pt,可望用于催化剂）}$$

$$Ni(CO)_4 \xrightarrow[\text{(蒸气)}]{140\sim 240\,℃} Ni\downarrow +4CO\text{（用于金属镀 Ni,可望用于催化剂）}$$

③ 膜催化剂。膜分离技术是化工分离技术的新发展。有机高分子膜用于净水,无机微孔陶瓷或玻璃膜用于过滤,以及金属钯膜或中空石英纤维膜分别用于氢气提纯回收及助燃空气的富氧化,都是成功的工业实例。

近年来,在非均相催化中,将催化反应和膜分离技术结合起来,受到极大关注。膜催化剂将化学反应与膜分离结合起来,甚至以无机膜作催化剂载体附载催化剂活性组分及助催化剂,把催化剂、反应器以及分离膜构成一体化设备。膜催化剂的原理如图 4-27 所示。

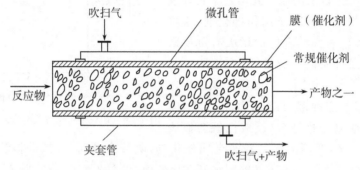

图 4-27　膜催化剂原理示意图

膜可以是多种材料(一般是无机材料),可以是惰性的,只起分离作用;也可以是活性的,起催化和分离双重作用。

膜催化剂引入化学反应,其引人注目的优点在于:一是由于不断地从反应系统中以吹扫气带出某一产物,使化学平衡随之向生成主产物的方向移动,可以大大提高转化率;二是省去反应后复杂的分离工序。这对于那些通常条件下平衡转化率较低的反应,以及放热反应(如烷烃选择氧化),尤其具有宝贵的价值。举例如表 4-7所示。

表 4-7　部分膜催化反应的条件和实验结果

化学反应	温度/ ℃	转化率(平衡值)	膜材料
$CO_2 = CO + 0.5O_2$	2 227	21.5%(1.2%)	ZrO_2-CaO
$C_3H_8 - C_3H_6 + H_2$	550	35%(29%)	Al_2O_3
$C_6H_{12} = C_6H_6 + 3H_2$	215	80%(35%)	烧结玻璃
$H_2S = H_2 + S$		14%(H_2)(3.5%)	MoS
$2CH_3CH_2OH = H_2O + 2(CH_3CH_2)O$		高活性(10 倍)	Al_2O_3

催化剂膜的制法,可用微孔陶瓷或玻璃粒子烧结,或用分子筛作基料烧结,造孔可用溶胶浸涂加化学刻蚀等。例如,SiO_2 与 $Na_2O-B_2O_3$ 制膜成管后,酸溶后者而成无机膜载体,再用沉淀、浸渍或气相淀积加入其他催化成分。

④ 微乳化技术。用微乳化技术制备催化剂的关键是在微乳液中形成催化剂的活性组分或载体。由于催化剂组分被分散得十分均匀,所以形成的催化剂沉淀物均一性很好,催化活性和选择性高,而且易于回收。在乳液的制备中,乳化剂的选择很重要,它必须具备好的表面活性和低的界面张力,能形成一个被压缩的界面膜,在界面张力降到最低时能及时迁移到界面,即有足够的迁移速率。目前,在工业上已采用微乳化技术制备聚合物微球,可用作催化剂载体,或用以制作高效离子交换树脂型催化剂。另一个典型的例子是用微乳化技术制备 Rh/ZrO_2 催化剂。活性组分铑盐与溶剂环己烷、表面活性剂一起在高速搅拌下混合,形成铑盐的微乳分散体,其中的铑盐被还原剂肼还原成纳米级铑细晶。同时,正丁醇锆也被分散于环己烷中,当加入 $NH_3 \cdot H_2O$ 沉淀剂后,在 40 ℃下形成氢氧化锆,再通过加热、还原处理,即得催化剂成品。

⑤ 化学键等其他方法。电镀和化学镀等金属材料的表面处理技术近年来已发展到用于催化剂的制备。

四、催化剂的使用

1. 催化剂的活化与钝化

(1) 活化。催化剂基本成型后,还需要通过活化处理使其物理、化学性质达到催化剂活化状态,才能具有催化作用。活化的方法主要有热活化和化学活化两种。热活化分为热分解、发生固相反应和改变物理状态,化学活化包括还原、氧化和硫化。

(2) 钝化。钝化处理通常是发生在催化剂可以继续使用而需要对反应器进行检修、临时停车或催化剂包装出厂时,此时可以通入钝化剂使催化剂外边面形成一层钝化膜,以保护内部催化剂不再与氧接触而继续发生氧化反应。另外,催化剂在生产过程中由于表面吸附或覆盖一些物质也可能引起催化剂的钝化,可以选择性地除去这些物质以恢复催化剂的活性。绝大部分催化剂产品在包装出厂时处于钝化状态,即还未达到催化过程所需要的化学状态和物理结构,还没有形成特定的活性中心。

2. 催化剂的失活

一般分为中毒、结焦,堵塞、烧结和热失活三大类。

(1) 中毒引起的失活。

① 暂时中毒(可逆中毒)。毒物在活性中心上吸附或化合时,生成的键强度相对较弱可以采取适当的方法除去毒物,使催化剂活性恢复而不会影响催化剂的性质,这种中毒叫作可逆中毒或暂时中毒。

② 永久中毒(不可逆中毒)。毒物与催化剂活性组分相互作用,形成很强的化学键,难以用一般的方法将毒物除去以使催化剂活性恢复,这种中毒叫作不可逆中毒

或永久中毒。

③ 选择性中毒。催化剂中毒之后可能失去对某一反应的催化能力,但对别的反应仍有催化活性,这种现象称为选择中毒。在连串反应中,如果毒物仅使后继反应的活性位中毒,则可使反应停留在中间阶段,获得高产率的中间产物。

(2) 结焦和堵塞引起的失活。催化剂表面上的含碳沉积物称为结焦。以有机物为原料以固体为催化剂的多相催化反应过程几乎都可能发生结焦。由于含碳物质和/或其他物质在催化剂孔中沉积造成孔径减小(或孔口缩小),使反应物分子不能扩散进入孔中,这种现象称为堵塞。所以常把堵塞归并为结焦中总的活性衰退,称为结焦失活,它是催化剂失活中最普遍和常见的失活形式。通常含碳沉积物可与水蒸气或氢气作用经气化除去,所以结焦失活是个可逆过程。与催化剂中毒相比,引起催化剂结焦和堵塞的物质要比催化剂毒物多得多。

在实际的结焦研究中,人们发现催化剂结焦存在一个很快的初期失活,然后是在活性方面的一个准平稳态,有报道称结焦沉积主要发生在最初阶段(在 0.15 s 内),也有人发现大约有 50% 形成的碳在前 20 s 内沉积。结焦失活是可逆的,通过控制反应前期的结焦,可以极大改善催化剂的活性,这也正是结焦失活研究日益活跃的重要因素。

(3) 烧结和热失活(固态转变)。催化剂的烧结和热失活是指由高温引起的催化剂结构和性能的变化。高温除了引起催化剂的烧结外,还会引起其他变化,主要包括化学组成和相组成的变化,半熔,晶粒长大,活性组分被载体包埋,活性组分由于生成挥发性物质或可升华的物质而流失等。

事实上,在高温下所有的催化剂都将逐渐发生不可逆的结构变化,只是这种变化的快慢程度随着催化剂不同而异。

烧结和热失活与多种因素有关,如与催化剂的预处理、还原和再生过程以及所加的促进剂和载体等有关。

当然催化剂失活的原因是错综复杂的,每一种催化剂失活并不仅仅按上述分类的某一种进行,而往往是由两种或两种以上的原因引起的。

3. 催化剂的再生

催化剂在使用过程中,由于中毒或致污等暂时性影响致使催化剂的活性下降时,可用适当的方法使催化剂恢复或接近原来的活性,称为催化剂的再生。工业上常用的再生方法主要有以下几种。

(1) 催化剂在反应过程中再生。如顺丁烯二酸酐的生产过程中,因磷的氧化物的升华损失而造成催化剂性能下降,此时可采用在原料中添加少量的有机磷化物,以补充催化剂在使用过程中磷的损失。

(2) 生产后停车再生。主要发生在催化剂使用过程中因结炭或吸附碳氢化合物而引起的催化剂活性下降时,此时可以在原固定床反应器中通入蒸汽或空气将催化剂表面的结炭或碳氢化合物烧掉,使催化剂得以再生。如果是焦油状的碳氢化合物,可以通入 H_2 或其他还原性气体使催化剂得以再生。

(3) 在催化剂再生条件下再生。通常催化剂再生的条件与反应条件有较大差异,这样往往对能量或设备材料消耗比较多,为此可以在反应器外选择便于催化剂再生的条件进行操作,使催化剂得以再生。

五、气-固相催化反应动力学

(一)气-固相催化反应过程与控制步骤

催化反应由于内表面大,气-固相催化反应主要发生在内表面的活性中心上,此时催化剂内外表面的传递过程就显得尤为重要。整个反应过程大体由以下几个步骤构成。

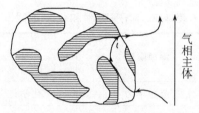

图 4-28　气-固相催化反应过程示意图

(1) 反应物分子从气相主体以扩散的形式传递到催化剂的外表面——外扩散过程;

(2) 反应物分子以内扩散形式通过催化剂孔道传递到催化剂内表面——内扩散过程;

(3) 反应物分子在催化剂表面的活性中心吸附——吸附过程;

(4) 反应物分子在催化剂内表面上经一系列化学变化生成产物——反应过程;

(5) 反应产物在催化剂表面上脱附——脱附过程;

(6) 脱附后的反应产物经内扩散通过催化剂孔道传递到催化剂外表面——内扩散过程;

(7) 反应产物经外扩散由催化剂外表面传递到气相主体——外扩散过程。

这样,反应物分子在催化剂表面经历七个步骤后,实现反应物分子在催化剂表面上进行催化反应生成产物的全过程。

以上七个步骤大体上可以归纳为三类:步骤(1)、(2)、(6)和(7)是由于反应物或产物存在浓度差而引起的扩散过程,其中步骤(1)和(7)是外扩散过程,步骤(2)和(6)是内扩散过程;步骤(3)和(5)主要是由于化学键力和范德华力共同作用引起的化学吸附和脱附过程;而步骤(4)属化学反应的动力学过程。

在稳态条件下,由于各步骤的阻力与速度不同,因此整个催化反应过程的总速度必然由阻力最大、速度最慢的一步所控制,该步骤就称为控制步骤。习惯上把涉及化学键变化的化学过程称为动力学控制,该过程属于动力学研究范畴;只涉及物质传递的内、外扩散称扩散控制。

(二)催化剂表面的吸附

气体反应物在催化剂表面上进行反应时,首先发生的是催化剂表面活性部位对反应分子的化学吸附,从而削弱了其中的某些化学键,活化了反应分子并降低了反应活化能,大大加快了反应速率。

1. 物理吸附与化学吸附

气体反应分子在催化剂表面上吸附可分为物理吸附与化学吸附。临界温度以下的气体分子在固体催化剂表面间的范德华力作用下,被固体吸附的现象称为物理吸附。化学吸附则是由于气体分子和固体催化剂之间发生了电子的转移,两者之间产生了化学键力,其作用力和化合物中原子之间形成化学键力有些相似,比范德华力大得多。物理吸附和化学吸附是气体分子在催化剂表面上主要的聚集过程,它们的区别详见表4-8。

表4-8 物理吸附和化学吸附

比较项目＼吸附	物理吸附	化学吸附
作用力	范德华力	化学键力(发生了电子的转移)
选择性	一般无	高度选择性
吸附速率	吸附活化能小,速率快	具有一定活化能,速率慢(升温可加快)
温度对吸附量的影响	温度升高,吸附量减小	不受温度影响
吸附层	多分子层	单分子层(限于固体表面)
吸附温度	低温	较高温度
可逆性	可逆过程	可逆或不可逆(常不可逆)
应用	测表面积及微孔尺寸	测活化中心面积
吸附层结构	基本同吸附质分子结构	形成新的化合价

注:物理吸附与化学吸附往往相伴发生

2. 等温吸附方程

气-固相催化反应中的吸附过程属于化学吸附,因为中间涉及生成了不稳定的中间化合物,才得以进一步转变为产物。

(1)化学吸附速率的一般表达式。由于化学吸附只能发生于固体表面那些能与气相分子起反应的粒子(原子、Fe、分子、氧化物)上,通常把该类粒子称为活性中心。用符号"σ"表示。因为化学吸附类似于化学反应,因此气相反应中A组分在活性中心上的吸附用如下吸附式表示:

$$A+\sigma \rightarrow A\sigma$$

组分A的吸附率θ_A:覆盖率、表面浓度,固体表面被气体组分A覆盖的活性中心数与活性中心数之比。

即:
$$\theta_A=\frac{被\,A\,组分覆盖的活性中心数面积}{催化剂表面总的活性中心数}\times100\%$$

空位率θ_V:尚未被气相分子覆盖的活性中心数与总的活性中心数之比。

$$\theta_V = \frac{\text{未被覆盖的活性中心数}}{\text{总的活性中心数}}$$

对于吸附方程,吸附速率:$r_a = k_a \times p_A \theta_V = k_a p_A (1-\theta_A) = k_{a0} e^{\frac{-E_a}{RT}} p_A \theta_V$

若吸附过程可逆,即在同一时间内系统中既存在有吸附过程,也存在有脱附过程,则一般脱附式可写成:$A\sigma \rightarrow A + \sigma$

脱附速率 $r_d = k_d \theta_A = k_{d0} e^{\frac{-Ed}{RT}} \theta_A$

吸附过程的表观速率:

$$r = r_a - r_d = k_a p_A \theta_V - k_d \theta_A = k_a p_A = k_{a0} e^{\frac{-E_a}{RT}} p_A \theta_V - k_{d0} e^{\frac{-E_d}{RT}} \theta_A$$

若吸附速率与脱附速率相等时,则表观速率值为 0,说明吸附过程已达到平衡。

$$r_a = r_d \rightarrow k_a P_A (1-\theta_A) = k_d \theta_A$$
$$\Rightarrow k_{a0} e^{\frac{-E_a}{RT}} p_A \theta_V = k_{d0} e^{\frac{-E_d}{RT}} \theta_A$$

令 $K_A = \frac{k_a}{k_d} = \frac{k_{a0}}{k_{d0}} e^{\frac{E_d - E_a}{RT}}$,称为 A 的吸附平衡常数。等温条件下,$k_a$、$k_d$ 为定值,即 K_A 为定值。则

$$\theta_A = K_A p_A \theta_V$$

若系统中是纯 A 气体,则 $$\theta_A = \frac{K_A p_A}{1 + K_A p_A} \tag{4-1}$$

此式即称为兰格缪尔吸附等温式。

(2) 等温吸附方程。有关等温吸附方程研究得比较多,有很多不同形式的吸附等温模型。下面重点介绍理想化的兰格缪尔(Langmuir)吸附方程,兰格缪尔吸附方程建立在以下几点假设基础上。

① 催化剂表面活性中心分布是均匀的,即催化剂表面各处的吸附能力是均一的(对所有分子吸附能力和机会都相同);

② 单分子层吸附:类似化学键结合,吸附一层气体分子或原子;

③ 被吸附分子间互不影响,也不影响空位对气相分子的吸附(吸附分子间无作用力);

④ 吸附活化能和脱附活化能与表面吸附的程度无关;

⑤ 吸附平衡是动态平衡,达平衡时吸附速率与脱附速率相等。

催化剂表面被覆盖的分率也等于实际吸附量 V 与吸附位完全被覆盖的饱和吸附量 V_m 之比。即

$$\theta_A = \frac{V}{V_m}$$
$$V = \frac{V_m K_A p_A}{1 + K_A p_A} \tag{4-2}$$

式中,V 为实际吸附量;V_M 为饱和吸附量(吸附位全被 A 覆盖)。

则 $$V = \frac{V_m K_A p_A}{1 + K_A p_A} = \frac{V_m}{\frac{1}{K_A p_A} + 1}$$

对吸附等温线 $V \sim p_A$ 作图可得如图所示双曲线型吸附等温线,它被广泛用于气-固相催化反应。

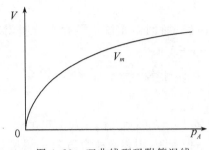

图 4-29　双曲线型吸附等温线

当压力很低时,即 $K_A p_A \ll 1$,则 $V = V_m K_A p_A$,实际吸附量 V 随压力呈线性变化。

当压力很高时,即 $K_A p_A \gg 1$,$V = V_m$,此时催化剂表面趋于完全覆盖,是一条趋于水平的渐近线。

由于兰格缪尔吸附方程所做的假设属理想状态,与实际情况有一定差距,因而该等温吸附方程有一定的局限性,其计算结果与实际吸附量有所偏差,但它仍不失为一种有效表达吸附量与吸附质关系的方程。

① 若 A_2 组分在吸附时发生解离

$$A_2 + 2\sigma \leftrightarrow 2A\sigma$$
$$r_a = k_a p_A (1 - \theta_A)^2$$
$$r_d = k_d \theta_A^2$$

达平衡时 $r_a = r_d$
$$\theta = \frac{(K_A p_A)^{1/2}}{1 + (K_A p_A)^{1/2}}$$

② 催化剂表面不仅吸附 A,还吸附 B

$$\theta_A = \frac{K_A p_A}{1 + K_A p_A + K_B p_B} ; \theta_B = \frac{K_B p_B}{1 + K_A p_A + K_B p_B}$$

对于多个组分在同一吸附剂上被吸附时,表观吸附速率通式为:

$$r_I = k_{aI} p_I \theta_v - k_{dI} \theta_I$$

吸附等温方程

$$\theta_I = \frac{K_I p_I}{1 + \Sigma K_I p_I}$$

整个反应过程 $\begin{cases} \text{化学过程} \begin{cases} \text{脱附、吸附} \\ \text{表面化学反应} \end{cases} \\ \text{物理过程　内、外扩散} \end{cases}$

宏观动力学:工业反应器中实际反应速度(不排除外界因素影响)的动力学关系。

本征动力学(微观动力学):排除外界因素影响,进行动力学研究得出的规律。

（三）表面化学反应动力学

主要研究被催化剂吸附的反应物分子之间反应成产物过程的反应速率问题。

反应通式：$A\sigma + B\sigma + \cdots \Leftrightarrow R\sigma + S\sigma + \cdots$

对于基元反应，其反应级数与化学计量系数相等，

其表面反应正反应速率　　　　$r_1 = k_1 \theta_A \theta_B$

表面反应逆反应速率　　　　　$r_2 = k_2 \theta_R \theta_S$

表面反应速率　　　　　　　　$r = r_1 - r_2 = k_1 \theta_A \theta_B - k_2 \theta_R \theta_S$

当反应达到平衡时　　　　　　$K_r = \dfrac{k_1}{k_2} = \dfrac{\theta_A \theta_B}{\theta_R \theta_S}$，$K_r$ 为化学反应平衡常数。

1. 气-固催化反应速率

为了能直接计算出催化剂的用量，反应速率常以催化剂质量或催化剂床层体积为基准来表示，即

$$(-r_A) = -\frac{1}{m}\frac{\mathrm{d}n_A}{\mathrm{d}t}$$

$$(-r_A)' = -\frac{1}{V_p}\frac{\mathrm{d}n_A}{\mathrm{d}t} \tag{4-3}$$

$$(-r_A)'' = -\frac{1}{V_B}\frac{\mathrm{d}n_A}{\mathrm{d}t} \tag{4-4}$$

式中，m 为催化剂质量，kg；V_P 为催化剂颗粒体积，m^3；V_B 为催化机床层体积，m^3。

三种反应速率表达式之间的关系为

$$(-r_A) = \frac{(-r_A)'}{\rho_p} = \frac{(-r_A)''}{\rho_B}$$

式中，ρ_p 为催化剂颗粒密度，kg/m^3；ρ_B 为催化剂堆积密度，kg/m^3。

2. 双曲线型的反应速率方程

在气-固相催化反应中，常用豪根-华生机理来探讨不同动力学控制步骤下的动力学数学模型。为了便于分析处理，可以先进行必要的基本假设。

反应发生在吸附分子之间或吸附分子与气体分子之间；$(-r_A)$ 与各组分在催化剂表面上的覆盖率成正比。

（1）表面反应控制：

① 双分子不可逆反应　　$A + B \rightarrow R + S$

设想机理步骤：

$$\begin{cases} A \text{ 的吸附}：A + \sigma \leftrightarrow A\sigma \quad \sigma \sim \text{吸附位} \\ B \text{ 的吸附}：B + \sigma \leftrightarrow B\sigma \\ \text{表面反应}：A\sigma + B\sigma \rightarrow R\sigma + S\sigma \\ R \text{ 的脱附}：R\sigma \leftrightarrow R + \sigma \\ S \text{ 的脱附}：A\sigma \leftrightarrow S + \sigma \end{cases}$$

其中表面反应为控制步骤，则其他步骤处于平衡状态。

表面反应速度：$(-r_A) = k_r \theta_A \theta_B$　　　　　k_r 为反应速率常数

根据兰格缪尔吸附模型：

$$\theta_A = \frac{K_A p_A}{1 + K_A p_A + K_B p_B + K_R p_R + K_S p_S}$$

$$\theta_B = \frac{K_B p_B}{1 + K_A p_A + K_B p_B + K_R p_R + K_S p_S}$$

则
$$(-r_A) = \frac{(k_r K_A K_B) p_A p_B}{(1 + K_A p_A + K_B p_B + K_R p_R + K_S p_S)^2}$$

$$= \frac{k p_A p_B}{(1 + K_A p_A + K_B p_B + K_R p_R + K_S p_S)^2} \tag{4-5}$$

若各组分在催化剂表面吸附极弱，即 $K_A p_A + K_B p_B + K_R p_R + K_S p_S \ll 1$，则上述反应速率方程就可简化为一般的均相反应速率方程。

$$(-r_A) = k p_A p_B$$

② 双分子可逆反应 $A + B \Leftrightarrow R + S$

表面反应为 $A\sigma + B\sigma \Leftrightarrow R\sigma + S\sigma$ 其他吸附、脱附同不可逆反应

则：$(-r_A) = k_1 \theta_A \theta_B - k_2 \theta_R \theta_S$

$$= \frac{k_1 K_A K_B p_A p_B - k_2 K_R K_S p_R p_S}{(1 + K_A p_A + K_B p_B + K_R p_R + K_S p_S)^2} \quad \text{令 } k = k_1 K_A K_B$$

$$= \frac{k p_A p_B - \dfrac{k}{k} k_2 K_R K_S p_S p_R}{(1 + K_A p_A + K_B p_B + K_R p_R + K_S p_S)^2} \quad \text{令 } K = \frac{k_1 K_A K_B}{k_2 K_R K_S}$$

$$= \frac{k(p_A p_B - p_R p_S / K)}{(1 + K_A p_A + K_B p_B + K_R p_R + k_S p_S)^2} \tag{4-6}$$

$$\theta_R = \frac{k_R p_R}{1 + K_A p_A + K_B p_B + K_R p_R + K_S p_S}$$

$$\theta_S = \frac{k_S p_S}{1 + K_A p_A + K_B p_B + K_R p_R + K_S p_S}$$

从式(4-6)可以看出，分子项为一个可逆反应，代表正、逆反应的净速率；分母中出现 A、B、R、S 组分，表明有四种物质被吸附；括号上的指数项表明控制步骤是涉及两个吸附位的反应（双分子反应）。

③ A_2 在吸附时解离 $A_2 + B \Leftrightarrow R + S$

与上不同的是：$A_2\sigma + B\sigma \Leftrightarrow R\sigma + S\sigma + \sigma^*$

反应速率式：$(-r_A) = k_1 \theta_A^2 \theta_B - k_2 \theta_R \theta_S \theta_V$

$$= \frac{k(p_{A2} p_B - p_R p_S / K)}{(1 + \sqrt{K_{A2} p_{A2}} + K_B p_B + K_R p_R + K_S p_S)^3} \tag{4-7}$$

说明：分母 $\sqrt{K_{A2} p_{A2}} \to A_2$ 是解离吸附

④ 吸附的 A 与气相的 B 进行不可逆反应

$A + B \to R + S$

机理 1：$A + \sigma \Leftrightarrow A\sigma$

$\quad\quad A\sigma + B \to R + S + \sigma$

反应速率：$\qquad (-r_A)=k_r\theta_A p_B=\dfrac{k_r K_A p_A p_B}{1+K_A p_A}$ $\qquad\qquad$ (4-8)

其中：$\theta_A=\dfrac{K_A p_A}{1+K_A p_A}$

机理 $2:A+\sigma\Leftrightarrow A\sigma$

$\qquad A\sigma+B\rightarrow R\sigma+S$

$\qquad R\sigma\leftrightarrow R+\sigma$

反应速率：$\qquad (-r_A)=k_r\theta_A p_B=\dfrac{k_r K_A p_A p_B}{1+K_A p_A+K_R p_R}$ $\qquad\qquad$ (4-9)

其中 $\theta_A=\dfrac{K_A p_A}{1+K_A p_A+K_R p_R}$，$\theta_R=\dfrac{K_R p_R}{1+K_A p_A+K_R p_R}$

⑤ 两类不同吸附位的情况

$A+B\rightarrow R$

机理 $A+\sigma_1\Leftrightarrow A\sigma_1$ $\qquad\qquad \sigma_1$ 吸附 A

$\qquad B+\sigma_2\Leftrightarrow B\sigma_2$ $\qquad\qquad$ 吸附 B

$\qquad A\sigma_1+B\sigma_2\rightarrow R\sigma_2+\sigma_1^*$

$\qquad R\sigma_2\Leftrightarrow R+\sigma_2$

反应速率，$(-r_A)=k_r\theta_A\theta_B$，其中 $\theta_A=\dfrac{K_A p_A}{1+K_A p_A}$，$\theta_B=\dfrac{K_B p_B}{1+K_B p_B+K_R p_R}$

$$(-r_A)=\dfrac{k p_A p_B}{(1+K_A p_A)(1+K_B p_B+K_R p_R)} \qquad\qquad (4\text{-}10)$$

$k=k_r K_A K_B$ 说明：分母两个因子→两类不同吸附位吸附

（2）吸附控制：

化学反应式 $A+B\Leftrightarrow R+S$

若 A 的吸附是控制步骤

设想，机理：$A+\sigma\Leftrightarrow A\sigma$

$\qquad\qquad B+\sigma\Leftrightarrow B\sigma$

$\qquad\qquad A\sigma+B\sigma\Leftrightarrow R\sigma+\sigma$

$\qquad\qquad R\sigma\Leftrightarrow R+\sigma$

$\qquad\qquad S\sigma\Leftrightarrow S+\sigma$

反应速率（为 A 的净吸附速率）：

$$(-r_A)=r_a-r_b=k_{aA}p_A\theta_V-k_{dA}\theta_A$$

其余各步达平衡：$\theta_B=K_B p_B\theta_V$

$$k_1\theta_A\theta_B=k_2\theta_R\theta_S \qquad\qquad K_r=\dfrac{\theta_R\theta_V}{\theta_A\theta_B}$$

$$\theta_R=K_R p_R\theta_V$$

$$\theta_S=K_S p_S\theta_V$$

而：$\theta_A+\theta_B+\theta_R+\theta_V=1$

则 $\theta_A = \dfrac{K_R}{K_r K_B} \dfrac{p_R}{p_B} \theta_V$

$$\theta_A + \theta_B + \theta_R = \left(\frac{K_R}{K_r K_B} \frac{p_R}{p_B} + K_B p_B + K_R p_R \right) \theta_V = 1 - \theta_V$$

$$\theta_V = \frac{1}{1 + \dfrac{K_R}{K_r K_B} \dfrac{p_R}{p_B} + K_B p_B + K_R p_R}$$

则 $(-r_A) = k_a p_A \theta_A - k_d \theta_A$

$$= \left(k_a p_A - k_d \frac{K_R}{K_r K_B} \frac{p_R}{p_B} \right) \theta_V$$

$$= \frac{k_a p_A - \dfrac{k_d K_r}{K_r K_B} \dfrac{p_R}{p_B}}{1 + \left(\dfrac{K_R}{K_r K_B} \right) \dfrac{p_R}{p_B} + K_B p_B + K_R p_R}$$

$$= \frac{k_a \left(p_A - \dfrac{p_R}{p_B K} \right)}{1 + K_{RB} \dfrac{p_R}{p_B} + K_B p_B + K_R p_R} \tag{4-11}$$

其中 $K = \dfrac{k_a K_r K_B}{k_b K_R}$ $\quad K_{RB} = \dfrac{K_R}{K_r K_B}$ $\quad \left(K_r = \dfrac{\theta_R \theta_V}{\theta_A \theta_B} \right)$

(3) 脱附控制:

$A + B \Leftrightarrow R$(① $A + \sigma \Leftrightarrow A\sigma$ ② $B + \sigma \Leftrightarrow B\sigma$ ③ $A\sigma + B\sigma \Leftrightarrow R\sigma$)

设: R 的脱附为控制步骤:④ $R\sigma \Leftrightarrow R + \sigma^*$

推导结果: $(-r_A) = \dfrac{k(p_A p_B - K p_R)}{1 + K_A p_A + K_B p_B + K_{AB} p_A p_B} \tag{4-12}$

式中, $K_{AB} = K_r K_A K_B$; $k = k_b K_r K_A K_B$; $K = \dfrac{k_a}{k_b K_r K_A K_B}$

小结: 动力学方程式一般形式 $(-r_A) = \dfrac{k(\text{推动力项})}{(\text{吸附项})^n}$

说明:

① I 分子吸附达到平衡,分母中必出现 K_{IpI} 项。

② 分子中若有"—"项,则表示控制步骤可逆,若无,表示不可逆。

③ 表面反应控制中,分母( )^n 表示参与反应的活性中心的个数,$n=1$ 表示只一个活性中心参与,$n=2$ 表示有两个活性中心参与。

④ 出现解离吸附,则分母中出现 $(K_{IpI})^{1/2}$ 项。

⑤ 出现不同种类活性中心,则分母中出现相乘形式。

⑥ 若分母未出现某组分的 K_{IpI} 项,而分母中还出现其他组分分压相乘形式一项,则反应多半为该组分的吸附或脱附过程控制。

表面反应控制的小结见表 4-9。

表 4-9　表面反应控制

表面反应控制：反应 $A+B \to R+S$

机理	动力学方程	特征	反应类型
A 的吸附：$A+\sigma \Leftrightarrow A\sigma$ B 的吸附：$B+\sigma \Leftrightarrow B\sigma$ 表面反应：$A\sigma+B\sigma \mid \to R\sigma+S\sigma^*$ R 的脱附：$R\sigma \Leftrightarrow R+\sigma$ S 的脱附：$S\sigma \Leftrightarrow S+\sigma$	$(-r_A)=\dfrac{kp_Ap_B}{(1+K_Ap_A+K_Bp_B+K_Rp_R+K_Sp_S)^2}$ $(-r_A)=k_r\theta_A\theta_B$	① 分子项 → 不可逆 ② 分母 4 项，A、B、R、S 被吸附 ③ 分母平方项 → 两个吸附位反应	双分子不可逆反应
A 的吸附：$A+\sigma \Leftrightarrow A\sigma$ B 的吸附：$B+\sigma \Leftrightarrow B\sigma$ 表面反应：$A\sigma+B\sigma \Leftrightarrow R\sigma+S\sigma^*$ R 的脱附：$R\sigma \Leftrightarrow R+\sigma$ S 的脱附：$S\sigma \Leftrightarrow S+\sigma$	$(-r_A)=\dfrac{k(p_Ap_B-p_Rp_S/K)}{(1+K_Ap_A+K_Bp_B+K_Rp_R+K_Sp_S)^2}$ $(-r_A)=k_1\theta_A\theta_B-k_2\theta_R\theta_S$	① 分子两项之差 → 可逆反应 ② 分母 4 项，A、B、R、S 被吸附 ③ 分母平方项 → 两个吸附位反应	双分子可逆反应
A 的吸附：$A_2+2\sigma \Leftrightarrow 2A\sigma$ B 的吸附：$B+\sigma \Leftrightarrow B\sigma$ 表面反应：$2A\sigma+B\sigma \Leftrightarrow R\sigma+S\sigma+\sigma^*$ R 的脱附：$R\sigma \Leftrightarrow R+\sigma$ S 的脱附：$S\sigma \Leftrightarrow S+\sigma$	$(-r_A)=\dfrac{k(p_Ap_B-p_Rp_S/K)}{(1+\sqrt{K_{A2}p_{A2}}+K_Bp_B+K_Rp_R+K_Sp_S)^3}$ $(-r_A)=k_1\theta_A^2\theta_B-\theta_R\theta_S\theta_V$	① 分子两项之差 → 可逆反应 ② 分母 4 项，A、B、R、S 被吸附 ③ 分母立方项 → 三个吸附位反应 ④ 分母开根号 → A 在吸附中解离	A 在吸附时解离
A 的吸附：$A+\sigma \Leftrightarrow A\sigma$ 表面反应：$A\sigma+B \Leftrightarrow R+S+\sigma^*$	$(-r_A)=\dfrac{k_rK_Ap_Ap_B}{1+K_Ap_A}$ $(-r_A)=k_r\theta_Ap_B$	① 分子一项 → 不可逆 ② 分子无 K_B → 气相 B 不吸附 ③ 分母一项 A → 一个吸附位	吸附的 A 与气相的 B 进行反应
A 的吸附：$A+\sigma \Leftrightarrow A\sigma$ B 的吸附：$B+\sigma \Leftrightarrow B\sigma$ 表面反应：$A\sigma_1+B\sigma_2 \to R\sigma_2+\sigma_1^*$ R 的脱附：$R\sigma \Leftrightarrow R+\sigma$	$(-r_A)=\dfrac{kp_Ap_B}{(1+K_Ap_A)(1+K_Bp_B+K_Rp_R)}$ $(-r_A)=k_r\theta_A\theta_B'$	① 分子一项 → 不可逆 ② 分母两个因子乘积 → 两个不同吸附位的吸附 ③ 分母有 A、B、R 被吸附	两个不同吸附位间的反应

表面反应控制:反应 $A+B \rightarrow R+S$		
A 的吸附: $A+\sigma \Leftrightarrow A\sigma^*$ B 的吸附: $B+\sigma \Leftrightarrow B\sigma$ 表面反应: $A\sigma+B\sigma \Leftrightarrow$ $R\sigma+\sigma$ R 的脱附: $R\sigma \Leftrightarrow R+\sigma$	$(-r_A) = \dfrac{k_a \left(p_A - \dfrac{p_R}{Kp_B} \right)}{1 + K_{RB}\dfrac{p_R}{p_B} + K_B p_B + K_R p_R}$ $K_{RB} = K_R/K_r K_B$; $K = \dfrac{k_a K_r K_B}{k_d K_R}$	吸附 控制
A 的吸附: $A+\sigma \Leftrightarrow A\sigma$ B 的吸附: $B+\sigma \Leftrightarrow B\sigma$ 表面反应: $A\sigma+B\sigma \Leftrightarrow$ $R\sigma+\sigma$ R 的脱附: $R\sigma \Leftrightarrow R+\sigma$ (控制)	$(-r_A) = \dfrac{k(p_A p_B - Kp_B)}{1 + K_A p_A + K_B p_B + K_{AB} p_A p_B}$ $K_{AB} = K_r K_A K_B$; $k = k_d K_r K_A K_B$; $K = k_a/k_d K_r K_A K_B$	脱附 控制

第三节　固定床反应器的操作

一、生产原理

本流程为利用催化加氢脱乙炔的工艺。乙炔是通过等温加氢反应器而被除掉的,反应器的温度由壳侧中冷剂温度控制。

主反应为: $nC_2H_2 + 2nH_2 \longrightarrow (C_2H_6)_n$,该反应是放热反应。每克乙炔反应后放出的热量约为 34 000 kJ。温度超过 66 ℃时有副反应为: $2nC_2H_4 \rightarrow (C_4H_8)n$,该反应也是放热反应。

冷却介质为液态丁烷,通过丁烷蒸发带走反应器中的热量,丁烷蒸汽通过冷却水冷凝。

二、工艺流程

生产工艺流程如图 4-30 所示。反应原料分两股,一股为约 -15 ℃的以 C_2 为主的烃原料,进料量由流量控制器 FIC1425 控制;另一股为 H_2 与 CH_4 的混合气,温度约 10 ℃,进料量由流量控制器 FIC1427 控制。FIC1425 与 FIC1427 为比值控制,两股原料按一定比例在管线中混合后经原料气/反应气换热器(EH-423)预热,再经原料预热器(EH-424)预热到 38 ℃,进入固定床反应器(ER-424A/B)。预热温度由温度控制器 TIC1466 通过调节预热器 EH-424 加热蒸汽(S3)的流量来控制。

ER-424A/B 中的反应原料在 2.523 MPa、44 ℃下反应生成 C_2H_6 。当温度过高

时会发生 C_2H_4 聚合生成 C_4H_8 的副反应。反应器中的热量由反应器壳侧循环的加压 C_4 冷剂蒸发带走。C_4 蒸汽在水冷器 EH-429 中由冷却水冷凝,而 C_4 冷剂的压力由压力控制器 PIC-1426 通过调节 C_4 蒸汽冷凝回流量来控制,从而保持 C_4 冷剂的温度。

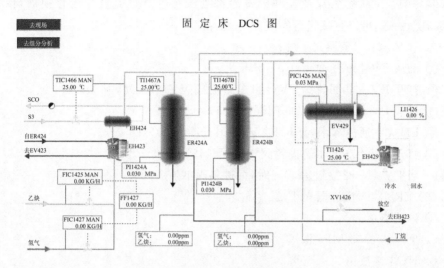

图 4-30　催化加氢脱乙炔工艺流程图

EH-423:原料气/反应气换热器;EH-424:原料气预热器;EH-429:C_4 蒸汽冷凝器;EV-429:C_4 闪蒸罐;ER424A/B:C2X 加氢反应器

三、工艺参数要求

(1) 反应器中工艺要求为 2.523 MPa,44 ℃。

(2) 进料量控制为 $H_2/C_2=2.0$。

实践操作

一、制定固定床操作规程

1. 开车

装置的开工状态为反应器和闪蒸罐都处于已进行过氮气冲压置换后,保压在 0.03 MPa状态,可以直接进行实气冲压置换。

(1) 闪蒸器充丁烷;

(2) 反应器充丁烷;

(3) 反应器启动。

2. 正常操作

注意温度、压力和进料流量的控制。

3. 停车

(1) 正常停车;

(2) 紧急停车。

二、规范操作固定床反应器

1. 开车操作

装置的开工状态为反应器和闪蒸罐都处于已进行过氮气冲压置换后，保压在0.03 MPa状态，可以直接进行实气冲压置换。

（1）EV-429 闪蒸器充丁烷：

① 确认 EV-429 压力为 0.03 MPa。

② 打开 EV-429 回流阀 PV1426 的前后阀 VV1429、VV1430。

③ 调节 PV1426（PIC1426）阀开度为 50%。

④ EH-429 通冷却水，打开 KXV1430，开度为 50%。

⑤ 打开 EV-429 的丁烷进料阀门 KXV1420，开度 50%。

⑥ 当 EV-429 液位到达 50% 时，关进料阀 KXV1420。

（2）ER-424A 反应器充丁烷：

① 确认事项：

a. 反应器 0.03 MPa 保压。

b. EV-429 液位到达 50%。

② 充丁烷：

打开丁烷冷剂进 ER-424A 壳层的阀门 KXV1423，有液体流过，充液结束；同时打开出 ER-424A 壳层的阀门 KXV1425。

（3）ER-424A 启动：

① 启动前准备工作：

a. ER-424A 壳层有液体流过。

b. 打开 S3 蒸汽进料控制 TIC1466 开度 30%。

c. 调节 PIC-1426 设定，压力控制设定在 0.4 MPa，投自动。

② ER-424A 充压、实气置换：

a. 打开 FIC1425 的前后阀 VV1425、VV1426 和 KXV1412。

b. 打开阀 KXV1418，开度为 50%。

c. 微开 ER-424A 出料阀 KXV1413，乙炔进料控制 FIC1425（手动），慢慢增加进料，提高反应器压力，充压至 2.523 MPa。

d. 慢开 ER-424A 出料阀 KXV1413 至 50%，充压至压力平衡。

e. 乙炔原料进料控制 FIC1425 设自动，设定值 56186.8 KG/H。

③ ER-424A 配氢，调整丁烷冷剂压力：

a. 稳定反应器入口温度在 38.0 ℃，投自动，使 ER-424A 升温。

b. 当反应器温度接近 38.0 ℃（超过 32.0 ℃），准备配氢。打开 FV1427 的前后阀 VV1427、VV1428。

c. 氢气进料控制 FIC1427 设自动，流量设定 80 KG/H。

d. 观察反应器温度变化，当氢气量稳定 2 min 后，FIC1427 设手动。

e. 缓慢增加氢气量,注意观察反应器温度变化。

f. 氢气流量控制阀开度每次增加不超过 5%。

g. 氢气量最终加至 200 KG/H 左右,此时 H2/C2＝2.0,FIC1427 投串级。

h. 控制反应器温度在 44.0 ℃左右。

2. 正常操作

(1) 正常工况下工艺参数:

① 氢气流量 FIC1427 稳定在 200 KG/H 左右。

② FIC1425 设自动,设定值 56 186.8 KG/H,FIC1427 设串级。

③ PIC1426 压力控制在 0.4 MPa。

④ 反应器 ER-424A 压力 PI1424A 控制在 2.523 MPa。

⑤ TIC1466 设自动,设定值 38.0 ℃。

⑥ 反应器温度 TI1467A:44.0 ℃。

⑦ EV429 液位 LI1426 为 50%。

⑧ EV-429 温度 TI1426 控制在 38.0 ℃。

(2) ER-424A 与 ER-424B 间切换:

① 关闭氢气进料。

② ER-424A 温度下降至低于 38.0 ℃后,打开 C4 冷剂进 ER-424B 的阀 KXV1424、KXV1426,关闭 C4 冷剂进 ER-424A 的阀 KXV1423、KXV1425。

③ 开 C2H2 进 ER-424B 的阀 KXV1415,微开 KXV1416。关 C2H2 进 ER-424A 的阀 KXV1412。

ER-424B 的操作与 ER-424A 操作相同。

3. 停车操作

(1) 正常停车:

① 关闭氢气进料,关 VV1427、VV1428,FIC1427 设手动,设定值为 0%。

② 关闭加热器 EH-424 蒸汽进料,TIC1466 设手动,开度 0%。

③ 闪蒸器冷凝回流控制 PIC1426 设手动,开度 100%。

④ 逐渐减少乙炔进料阀 FV1425,开大 EH-429 冷却水进料阀 KXV1430。

⑤ 逐渐降低反应器温度、压力,至常温、常压。

⑥ 逐渐降低闪蒸器温度、压力,至常温、常压。

(2) 紧急停车:

① 与停车操作规程相同。

② 也可按急停车按钮(在现场操作图上)。

(3) 联锁说明:

该单元有一联锁。

① 现场手动紧急停车(紧急停车按钮)。

② 反应器温度高报(TI1467A/B>66 ℃)。

联锁动作：

① 关闭氢气进料，FIC1427 设手动。

② 关闭加热器 EH-424 蒸汽进料，TIC1466 设手动。

③ 闪蒸器冷凝回流控制 PIC1426 设手动，开度 100%。

④ 自动打开电磁阀 XV1426。

三、固定床常见异常现象及处理

催化加氢脱乙炔用固定床反应器常见异常现象及处理方法见表 4-10。

表 4-10　催化加氢脱乙炔用固定床反应器常见异常现象及处理方法

序号	异常现象	产生原因	处理方法
1	氢气量无法自动调节	氢气进料阀 FIC1427 卡	降低 EH-429 冷却水的量；用旁路阀 KXV1404 手工调节氢气量
2	换热器出口温度超高	预热器 EH-424 阀 TIC1466 卡	增加 EH-429 冷却水的量；减少配氢量
3	闪蒸罐压力，温度超高	闪蒸罐压力调节阀 PIC1426 卡	增加 EH-429 冷却水的量；用旁路阀 KXV1434 手工调节
4	反应器压力迅速降低	反应器漏气，KXV1414 卡	停工
5	闪蒸罐压力，温度超高	EH-429 冷却水供应停止	停工
6	反应器温度超高，会引发乙烯聚合的副反应	闪蒸罐通向反应器的管路有堵塞	增加 EH-429 冷却水的量

第四节　流化床反应器的操作

化学工业广泛使用固体流态化技术进行固体的物理加工、颗粒输送、催化和非催化化学加工。现在我国流化床催化反应器已应用于丁二烯、丙烯腈、苯酐的生产，乙烯氧氯化制二氯乙烷，气相法制聚乙烯等有机合成及石油加工中的催化裂化。固体流态化技术除应用于催化反应过程外,还可以应用于矿石焙烧,如硫酸生产中黄铁矿的焙烧、纯碱生产中石灰石的焙烧等。循环流化床燃烧技术是近20年来发展起来的新一代燃烧技术,被认为是煤炭燃烧技术的革新,已在世界范围内得到了广泛应用。流化床干燥器在化工生产中被广泛使用,此外,它还常应用于冶金工业中的矿石浮选等其他工业部门。

一、固体流态化

流态化是一种使固体颗粒通过与流体接触而转变成类似于流体状态的操作。近年来,这种技术发展很快,许多工业部门在处理粉粒状物料的输送、混合、涂层、换热、干燥、吸附、煅烧和气-固反应等过程中,都广泛应用了流态化技术。

1. 流化床干燥演示实训

流化床除了应用于反应器外,还运用于燃烧技术和干燥物料。现以流化床干燥实训操作为例,来说明流化床干燥物料的操作步骤。实验设备如图4-31所示。

(1)操作步骤:

① 开启风机。

② 打开仪表控制柜电源开关,加热器通电加热,床层进口温度要求恒定在70～80 ℃。

③ 将准备好的耐水硅胶加入流化床进行实验。

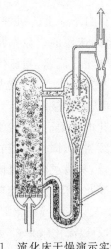

图4-31　流化床干燥演示实训设备

④ 每隔4 min取样5～10 g进行分析,或由压差传感器记录床层压差,同时记录床层温度。

⑤ 待干燥物料恒重或床层压差一定时,即为实验终了,关闭仪表电源。

⑥ 关闭加热电源。

⑦ 关闭风机,切断总电源,清理实验设备。

(2)注意事项。必须先开风机,后开加热器,否则加热管可能会被烧坏,破坏实验装置。

2. 流态化的形成

在流化床反应器中,大量固体颗粒悬浮于运动的流体中从而使颗粒具有类似于流体的某些宏观表现特征,这种流-固接触状态称为固体流态化。

在固定床反应器内,流体(气体或液体)流经固体颗粒间的空隙而颗粒并不浮动,一旦流体的空塔流动速度达到某一数值时,颗粒开始出现浮动。流态化过程的基本现象见图4-32。

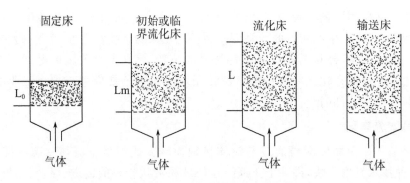

图 4-32   不同流速时床层的变化

当流体自下而上流过颗粒床层时,如流速较低时,固体颗粒静止不动,颗粒之间仍保持接触,床层的空隙率及高度都不变,流体只在颗粒间的缝隙中通过,此时属于固定床。如增大流速,当流体通过固体颗粒产生的摩擦力与固体颗粒的浮力之和等于颗粒自身重力时,颗粒位置开始有所变化,床层略有膨胀,但颗粒还不能自由运动,颗粒间仍处于接触状态,此时称为初始或临界流化床。当流速进一步增加到高于初始流化的流速时,颗粒全部悬浮于向上流动的流体中,即进入流化状态。随着流速的继续增加,固体颗粒在床层中的运动也愈激烈,此时的流固系统中的固体颗粒完全悬浮,具有类似于流体的特征,这时的床层称为流化床。在流化床阶段,床层高度发生变化,床层随流速的增加而不断膨胀,床层空隙率随之增大,但有明显的上界面,只要床层有明显的上界面,流化床即称为密相流化床或床层的密相段,密相床中行如水沸,所以流化床又称为沸腾床。当气流速度升高到某一极限值时,流化床上界面消失,颗粒分散悬浮在气流中,被气流带走,这种状态称为气流输送或稀相输送床。

(1) 理想流化床的压降与流速:

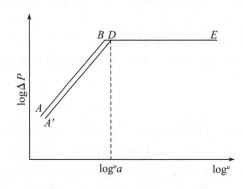

图 4-33   流化床压降-流速关系

固定床阶段,压力降 ΔP 随着流速 u 的增加而增加,如图 4-33 的 AB 段。

流化床阶段,床层的压力降保持不变,如图 4-33 中 DE 段所示。

流体输送阶段,流体的压力降与流体在空管道中相似。

（2）实际流化床的压降与流速：

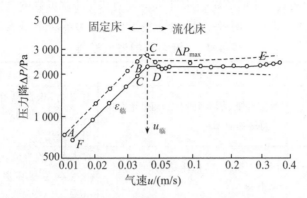

图 4-34　实际流化床的 ΔP-u 关系图

实际流化床与理想流化床差异的原因：

形成的原因是固定床阶段，颗粒之间由于相互接触，部分颗粒可能有架桥、嵌接等情况，造成开始流化时需要大于理论值的推动力才能使床层松动，即形成较大的压力降。ΔP—u 的应用是通过观察流化床的压力降变化来判断流化质量。如正常操作时，压力降的波动幅度一般较小，波动幅度随流速的增加而有所增加。在一定的流速下，如果发现压降突然增加，而后又突然下降，表明床层产生了腾涌现象。形成气栓时压降直线上升，气栓达到表面时料面崩裂，压降突然下降，如此循环下去。这种大幅度的压降波动破坏了床层的均匀性，使气-固接触显著恶化，严重影响系统的产量和质量。有时压降比正常操作时低，说明气体形成短路，床层产生了沟流现象。

（3）流化气速的确定。临界流化速度，也称起始流化速度、最低流化速度，是指颗粒层由固定床转为流化床时流体的表观速度，用 u_{mf} 表示。实际操作速度常取临界流化速度的倍数（又称流化数）来表示。临界流化速度对流化床的研究、计算与操作都是一个重要参数，确定其大小是很有必要的。确定临界流化速度最好是用实验测定，也可用公式计算。

临界点时，床层的压降 ΔP 既符合固定床的规律，同时又符合流化床的规律，即此点固定床的压降等于流化床的压降。均匀粒度颗粒的固定床压降可用埃冈（Ergun）方程表示，从而得出 ΔP 的计算理论计算公式，可以参考有关书籍。

影响临界流化速度的因素有颗粒直径、颗粒密度、流体黏度等。

颗粒带出速度是流化床中流体速度的上限，流体对粒子的曳力与粒子的重力相等，粒子将被气流带走。这一带出速度，或称终端速度，近似地等于粒子的自由沉降速度。

实际生产中，操作气速是根据具体情况确定的。流化气速 u/u_{mf} 一般在 $1.5\sim10$ 的范围内，也有高达几十甚至几百的。另外也有按 $u/u_t=0.1\sim0.4$ 来选取的。通常采用的气速在 $0.15\sim0.5$ m/s。对热效应不大、反应速率慢、催化剂粒度小、筛分宽、床内无内部构件和要求催化剂带出量少的情况，宜选用较低气速。反之，则宜用较高的气速。

当流体通过固体颗粒床层时,随着气速的改变,分别经历固定床、流化床和输送床三个阶段。这三个阶段具有不同的规律,从不同流速对床层压降的影响可以明显地看出其中的规律性,如图 4-9 所示。两者在对数坐标图上呈直线关系,其特征参见表 4-11。

表 4-11　流态化的形成过程

操作过程	图示	特性	说明
固定床阶段	ABC	流速较低、床层压降 ΔP 随着流速 u 的增加而增加	B 点时,床层刚好被托起而变松动。流速继续增大,超过 C 点时,开始流化
流化床阶段	CE	床层不断膨胀,但床层的压降却保持不变	C 点称为临界流化点,与之对应的流速称为临界流化速度,用 U_{mf} 表示
输送床阶段	EF	当流速进一步增大到某一数值时,床层上界面消失,颗粒被流体带走	E 点流速称为带出速度或最大流化速度,用 u_t 表示

说明:对已经流化的床层,如流速减小,则 ΔP 将沿 EC 线返回到 C 点,固体颗粒开始互相接触而又成为静止的固体床。若继续降低流速,压降不再沿 CB、BA 线变化,而是沿 CA' 线下降。原因是床层经过流化后重新落下,空隙率比原来增大,压降减小。

3. 散式流态化和聚式流态化

(1)散式流态化。对于液固系统,当流速高于最小流化速度时,随着流速的增加,得到的是平稳的、逐渐膨胀的床层,固体颗粒均匀地分布于床层各处,床面清晰可辨,略有波动,但相当稳定,床层压降的波动也很小且基本保持不变。即使在流速较大时,也看不到鼓泡或不均匀的现象,这种床层称为散式流化床,或均匀流化床、液体流化床。

(2)聚式流态化。气-固系统,$u > u_{mf}$ 时,有相当一部分气体以气泡的形式通过床层,气泡在床层中上升并相互聚并,引起床层的波动,这种波动随流速的增大而增大,同时床面也有相应的波动,波动剧烈时,很难确定其具体位置,这与液固系统中清晰床面大不相同。由于床内存在气泡,气泡向上运动时将部分颗粒夹带至床面,到达床面时气泡发生破裂,这部分颗粒由于自身重力作用又落回床内,整个过程中气泡不断产生和破裂,所以气-固流化床的外观与液固系统的外观不同,颗粒不是均匀地分散于床层内,而是程度不同的一团一团地聚集在一起做不规则的运动。在固体颗粒粒度比较小时,这种现象更为明显。

(3)两种流态化的判别。颗粒与流体之间的密度差是散式流化和聚式流化之间的主要区别。一般认为液固流化为散式流化,而气-固流化为聚式流化,通过压降与流速关系图,可以了解两种状态化的差异。

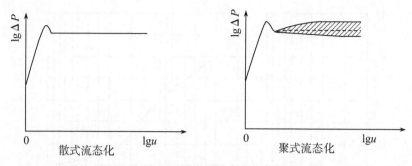

图 4-35　两种流态化 ΔP 与 u 的关系

①"驼峰"形成的原因：固定床阶段，颗粒之间由于相互接触，部分颗粒可能有架桥、嵌接等情况，造成开始流化时需要大于理论值的推动力才能使床层松动，即形成较大的压力降，一旦颗粒松动到使颗粒刚能悬浮时，ΔP 即下降到水平位置。

② 差异：

a. 液固系统：正常流态化区域时，因固体颗粒在液流中均匀分散，压降 ΔP-u 关系曲线接近于理想状态，即 ΔP 不随 u 的增加而变化。

b. 气-固系统：$u > u_{mf}$ 时，进入流态化区域时，成团湍动的固体颗粒在气流中很不稳定，使床面以每秒数次的频率上下波动，压降也随之在一定的范围内变化，只是其平均值随着气速的增加趋于不变。

4. 流化速度（在 u_{mf} 与 u_t 之间确定 $u_{适操}$）

由于流化床的操作速度在理论上应处于临界流化速度和带出速度之间，因此，首先确定临界流化速度和带出速度，然后再参考生产或实验数据选取操作速度。

（1）临界流化速度 u_{mf}。临界流化速度是指刚刚能够使固体颗粒流化起来的空床流速，也称最低流化速度或起始流化速度，是固定床阶段与流化床阶段转折点处的空床流速。临界流化速度对流化床的研究、计算与操作都是一个重要的参数，确定其大小是很有必要的，实际生产中主要通过实验方法测定，如果实测不方便或有困难时，也可采用计算方法确定。

$$u_{mf} = 9.23 \times 10^{-3} \frac{d_p^{1.82} (\rho_p - \rho_f)^{0.94}}{u_f^{0.88} \rho_f^{0.06}} \tag{4-13}$$

式中，u_{mf} 为临界流化速度（以空塔计），m/s；ρ_p 为颗粒密度，kg/m³；ρ_f 为流体密度，kg/m³；μ_f 为流体黏度，Pa·s；d_p 为固体颗粒平均直径，m。

适用范围：$(R_e)_{mf} < 5$；当 $(R_e)_{mf} > 5$，求得 μ_{mf} 需乘校正系数 F_G，由 $(R_e)_{mf}$-F_G 图 4-36 查得。

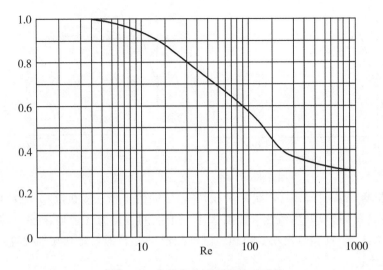

图 4-36　临界流化速度的校正系数

影响临界流化速度的因素有颗粒直径、颗粒密度、流体黏度等。在实际生产中，流化床内的固体颗粒总是存在一定的颗粒分布，形状也各不相同，因此在计算临界流化速度时，要采用当量直径和平均形状系数。另外大而均匀的颗粒在流化时流动性差，容易发生腾涌现象，加剧颗粒、设备和管道的磨损，操作的气速范围也很狭窄。在大颗粒床层中添加适量的细粉有利于改善流化质量，但受细粉回收率的限制，不易添加过多。

（2）带出速度 u_t。颗粒带出速度 u_t 是流化床中流体速度的上限，即气速增大到此值时，流体对粒子的拽力与粒子所受的重力相等，粒子将被气流带走。带出速度（或称终端速度）也等于粒子的自由沉降速度，对于球形颗粒有

$$u'_t = \frac{d_{p\min}{}^2 (\rho_p - \rho_f)}{1.835 \mu_f} \tag{4-14}$$

由 $(R_e)_D = \dfrac{d_{p\min} u'_t \rho_f}{\mu_f}$，计算 $u_t = F_D u'_t$

非球形颗粒：$u_t = F_D u'_t C$

球形颗粒校正系数：$C = 0.843\ 11g\ \dfrac{\phi_s}{0.065}$

式中，ϕ_s 为球形度，一般为 $0.5 \sim 1$，是一经验值。如：铁催化剂的 ϕ_s 为 0.58，活性炭催化剂的 ϕ_s 为 $0.7 \sim 0.9$。

（3）流化态的操作速度 $u_{操}$。选择操作速度的原则如下：

① 催化剂强度差、易于粉碎，反应热不大，反应速度较慢或床层又高窄等情况下，宜选择较低的操作速度。

② 反应速率较快，反应热效应较大，颗粒强度好或床层要求等温，床层内设构件改善了流化质量，尽可能选择较高的操作速度。

一般认为，流化床的操作速度在临界流化速度和带出速度之间，但实际上颗

粒大部分存在于乳化相中,所以有些工业装置尽管操作速度高于带出速度,由于受向下的固体循环速度的影响,使得乳化相中的流速仍然很低,颗粒夹带并不严重。

为了表示操作速度的大小,引入了流化数的概念,流化数是操作速度与临界流化速度之比,即

$$k = \frac{u_0}{u_{mf}} \tag{4-15}$$

式中,u_0 为操作空塔速度,m/s。

在实际生产中,操作气速是根据具体情况来确定的,流化数一般在 1.5～10 的范围内,也有高达几十甚至几百的,如制苯酐的流化数 $k \geqslant 10～40$,石油催化裂化 $k = 300～1\,000$。

设计流化床时,根据计算结果、经验数据并考虑各种因素的影响,经过反复计算和比较经济效益,方能确定较合适的流化床反应器的实际操作速度。实际生产中的部分流化床操作速度数据见表 4-12。

表 4-12　部分流化床反应器操作速度常速

产品	反应温度/K	颗粒直径/目	操作空塔速度/(m/s)
丁烯氧化脱氢制丁二烯	653～773	40～80	0.8～1.2
丙烯氨氧化制丙烯腈	748	40～80	0.6～0.8
萘氧化制苯酐	643	40	0.7～0.8(0.3～0.4)
乙烯制醋酸乙烯	473	24～48	0.25～0.3
石油催化裂化	723～783	20～80	0.6～1.8
砂子炉原油裂解			1.6

5. 流化床的压降

忽略器壁效应的情况下,作用于颗粒上的力有三个:向下的重力、向上的浮力及流体阻力。颗粒悬浮静止时,受力平衡,可表示为

重力＝浮力＋流体阻力

平衡时

$$h_{mf}L_{mf}(1-\varepsilon_{mf})\rho_p g = L_{mf}h_{mf}(1-\varepsilon_{mf})\rho_f g + \Delta P$$

所以

$$\Delta P = (1-\varepsilon_{mf})h_{mf}(\rho_p-\rho_f)g = (1-\varepsilon_{mf})h_f(\rho_p-\rho_f)g \tag{4-16}$$

上式说明流化床床层压降与流速无关,随着流速增大,床层高度及空隙率增加,但床层压降不变。

根据流化床的压降变化可以判断流化质量。正常操作时,压降的波动幅度一般较小,波动幅度随流速的增加而有所增加。在一定的流速下,如果发现压降突然增加,而后又突然下降,表明床层产生了腾涌现象。形成气栓时压降直线上升,气栓达

到表面时料面崩裂,压降突然下降,如此循环下去。这种大幅度的压降波动破坏了床层的均匀性,使气-固接触显著恶化,严重影响系统的产量和质量。有时压降比正常操作时低,说明气体形成短路,床层产生了沟流现象。

二、流化床反应器的操作维护知识

流化床反应器有结构形式多样和种类多的特点,但都由气体分布装置、内部构件、换热装置、气-固分离装置组成。流化床反应器的操作维护主要是围绕组成部件进行。

1. 气体分布装置的维护

气体分布装置位于流化床的底部,是保证流化床具有良好的流化效果的重要构件,作用是支撑床层上的催化剂或者其他固体反应物颗粒;均匀分布气流;改善起始流化条件,有利于保证床层的稳定。

为了使气流在反应器内整个截面上均匀分布,一般采取如下办法保证气体均匀分布进入流化床:防止气体分布器生锈,流化床内固体颗粒不能太小,防止小孔堵塞。

2. 内部构件

流化床内部构件能够抑制气泡的长大,改善气体在床内的停留时间分布,强化气泡相和乳浊相之间的质量交换,从而提高反应的转化率,这是人们所熟知的事实,并早已广泛地应用于生产装置的设计中。但是流化床反应器内部构件容易磨损是最大的障碍,进行挡网、挡板的合理配置是消除磨损的关键。

3. 换热装置

流化床反应温度发生动荡或者反应温度变动,可能是由于换热装置所引起,换热系统冷热物流受阻,目前应用最广的是夹套换热器和内管式换热器。

4. 气体分离装置

气体分布装置最常见的是旋风分离器,与其他设备的故障维修相同,若旋风分离出现故障时,最好的助手就是对设备需要有非常清楚的了解,并具备些常识。有了这些知识和常识及以下指导(见表4-13),绝大多数的旋风分离器故障都可以被发现,并予以解决。

表4-13 流化床维修故障指南

故障	故障现象	解决方法
压降过高	由管道系统或鼓风机初始设计不恰当而导致的气流速率过高	除非这种情况引起工艺过程中也出现故障,否则,可以不用管它。若为后一种情况时,可改变鼓风机操作方式或增加额外的流速限制设施,以降低流速以及旋风分离器的压降
	在气流到达旋风分离器的过程中,可能有气体泄漏进系统中	对管道系统或收尘罩的泄漏之处进行修理
	旋风分离器内部阻塞	清理内部阻塞
	旋风分离器设计不合理	重新设计或更换旋风分离器

（续表）

故障	故障现象	解决方法
压降过低	由管道系统或鼓风机初始设计不恰当而导致的气流速率过低	改变鼓风机操作方式或用大一点的鼓风机替换
	气体泄漏进旋风分离器装置中	修理
	空气泄漏进下游系统部件中	修理
效率过低	初始设计不合理	若要求的性能改善幅度较小和/或更高压降情况可接受时,可以对现有的旋风分离器进行重新设计。若更高的压降不可行和/或需要对集尘效率进行大幅度改进时,则需对旋风分离器进行更换
	有气体泄漏进旋风分离器中	对泄漏处进行修理,并确保卸灰阀运转正常并有着合理的密封
	内部故障或堵塞	移除故障。若发生持续堵塞,可考虑重新制造或设法确定出一些根本性的问题和原因,并予以解决,如:结露问题、粉尘排放口直径太小等问题
	管道的入口设计欠妥当	重新设计并予以更换
堵塞	对实际的粉尘负荷,旋风分离器的粉尘排放口太小	以大直径的排放口来重新设计旋风分离器
	若旋风分离器用弧形封头时,可能有物质聚集于封头内部	将弧形封头顶盖以平顶、吊顶顶盖或者采用耐火材料衬里的平顶顶盖替换
	物质的黏性可能太大	以 PTFE 涂层、用电解法等优化处理内部表面
		采用振荡器
		安装用于清理的入口
	产生结露现象	加隔热层或保温
腐蚀	入口速度过高	降低流速
		以较低的流速重新设计入口
	自然腐蚀性微粒	最小化入口流速
		采用耐磨蚀性材料制造
		确保旋风分离器几何构造适合
		设计时保证部件的易修理和/或易更换性

三、流化床反应器的操作指导

1. 流化床颗粒粒度和组成的控制

颗粒粒度和组成对流态化质量和化学反应转化率有重要影响。下面介绍一种简便而常用的控制粒度和组成的方法。

在氨氧化制丙烯腈的反应器内，采用的催化剂粒度和组成中，为了保持粒径小于 44 μm 的"关键组分"粒子为 20%～40%，在反应器上安装一个"造粉器"。当发现床层内粒径小于 44 μm 的粒子小于 12%时，就启动造粉器。造粉器实际上就是一个简单的气流喷枪。它是用压缩空气以大于 300 m/s 的流速喷入床层，黏结的催化剂粒子即被粉碎，从而增加了粒径小于 44 μm 离子的含量。在造粉过程中，要不断从反应器中取出固体颗粒样品，进行粒度和含量的分析，直到细粉含量达到要求为止。

系统正常运转中，从床层取固体颗粒样品，虽然简单，但又要特别注意并妥善处理好。在平时，锥形活动堵头 3 是关闭的，阀 6 是开启的，取样器本体内充满了压力高于床层内压力的干燥空气，以防止反应产物渗入取样器内，造成启动时的困难（例如苯酐反应器，当温度低于 150 ℃时，苯酐呈液体析出；当温度低于 130.8 ℃时，苯酐变成固体，如果没有反吹气，取样器将因苯酐冻结而堵死）。取样时先关闭阀 6，然后转动拉杆 2，打开堵头 3，粒子便自动流入取样杯 4，然后再关闭堵头 3，卸下取样杯 4，将料样倒出，最后装上取样杯 4，打开充气阀 6，取样完毕。

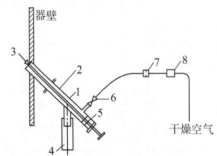

1—取样器本体，ϕ 32～38 mm；2—拉杆；3—锥形活动堵头；4—手动装卸取样杯，
ϕ38×150 mm；5—气密填料；6—针形阀；7—节流小孔板，孔 ϕ 0.6～1.0 mm；8—逆止阀

图 4-37　流化床用固体颗粒取样器

2. 压力的测量与控制

压力和压降的测定，是了解流化床各部位是否正常工作较直观的方法。对于实验室规模的装置，U 形管压力计是常用的测压装置，通常压力计的插口需配置过滤器，以防止粉尘进入 U 形管。工业装置上采用带吹扫气的金属管作测压管。测压管直径一般为 14～25.4 mm，反吹风量至少为 1.7 m³/h。反吹气体必须经过脱油、去湿方可应用。为了确保管线不漏气，所有丝接的部位最后都是焊接的，同时也要确保阀门不漏气。

小孔板是用 1 mm 厚的不锈钢或铜板制造的，钻 0.64～1.0 mm 小孔。为了了

解在流态化情况下的床层高度,可用式(4-17)推算:

$$l = l_B \frac{p_C - p_A}{p_C - p_B} \tag{4-17}$$

用同样的取样方式,我们可以推算旋风分离器料腿内的料柱高度。就是说,为了随时了解旋风分离器料腿内的料柱高度及它的稳定工作情况,可在料腿上也安装三个测压管,同样要接吹扫风。特别是在用细颗粒催化剂时,旋风分离系统的设计,常常是过程能否成功的关键,应当特别慎重处理。

由于流化床呈脉冲式运动,需要安装有阻尼的压力指示仪表,如压差计、压力表等。有经验的操作者常常能通过测压仪表的运动预测或发现操作故障。

3. 流化床催化反应器温度的测量与控制

流化床催化反应器的温度控制取决于化学反应最优反应温度的要求。一般要求床内温度分布均匀,符合工艺要求的温度范围。通过温度测量可以发现过高温度区,进一步判断产生的原因是存在死区,还是反应过于剧烈,或者是换热设备发生故障。通常由于存在死区造成的高温,可及时调整气体流量来改变流化状态,从而消除死区。如果是因为反应过于激烈,可以通过调节反应物流量或配比加以改变。换热器是保证稳定反应温度的重要装置,正常情况下,通过调节加热剂或制冷剂的流量就能保证工艺对温度的要求。但是设备自身出现故障的话,就必须加以排除。最常用的温度测量办法是采用标准的热敏元件,如适应各种范围温度测量的热电偶。可以在流化床的轴向和径向安装这样的热电偶组,测出温度在轴向和径向的分布数据,再结合压力测量,就可以对流化床反应器的运行状况有一个全面的了解。

4. 流量控制

气体的流量在流化床反应器中是一个非常重要的控制参数,它不仅影响着反应过程,而且关系到流化床的流化效果。所以作为既是反应物又是流化介质的气体,其流量必须要在保证最优流化状态下,有较高的反应转化率。一般原则是气量达到最优流化态所需的气速后,应在不超过工艺要求的最高反应温度或不低于工艺要求的最低反应温度的前提下,尽可能提高气体流量,以获得最高的生产能力。

气体流量的测量一般采用孔板流量计,要求被测的气体是清洁的。当气体中含有水、油和固体粉尘时,通常要先净化,然后再进行测量。系统内部的固体颗粒运动,通常是被控制的,但一般并不计量。它的调节常常在一个推理的基础上,如根据温度、压力、催化剂活性、气体分析等要求来调整。在许多煅烧操作中,常根据煅烧物料的颜色来控制固体的给料。

5. 开停车及防止事故的发生

由粗颗粒形成的流化床反应器,开车启动操作一般不存在问题。而细颗粒流化床,特别是采用旋风分离器的情况下,开车启动操作需按一定的要求来进行,这是因为细颗粒在常温下容易团聚。当用未经脱油、脱湿的气体流化时,这种团聚现象就

容易发生,常使旋风分离器工作不正常,导致严重后果。正常的开车程序是:

(1) 先用被间接加热的空气加热反应器,以便赶走反应器内的湿气,使反应器趋于热稳定状态。对于一个反应温度在 300~400 ℃ 的反应器,这一过程要达到使排出反应器的气体温度达到 200 ℃ 为准。必须指出,绝对禁止用燃油或燃煤的烟道气直接加热。因为烟道气中含有大量燃烧生成的水,与细颗粒接触后,颗粒先要经过吸湿,然后随着温度的升高再脱水,这一过程会导致流化床内旋风分离器的工作不正常,造成开车失败。

(2) 当反应器达到热稳定状态后,用热空气将催化剂由贮罐输送到反应器内,直至反应器内的催化剂量足以封住一级旋风分离器料腿时,才开始向反应器内送入速度超过 u_{mf} 不太多的热风(热风进口温度应大于 400 ℃),直至催化剂量加到规定量的 $1/2~1/3$ 时,停止输送催化剂,适当加大流态化热风。对于热风的量,应随着床温的升高予以调节,以不大于正常操作气速为度。

(3) 当床温达到可以投料反应的温度时,开始投料。如果是放热反应,随着反应的进行,逐步降低进气温度,直至切断热源,送入常温气体。如果有过剩的热能,可以提高进气温度,以便回收高值热能的余热,只要工艺许可,应尽可能实行。

(4) 当反应和换热系统都调整到正常的操作状态后,再逐步将未加入的 $1/2~1/3$ 催化剂送入床内,并逐渐把反应操作调整到要求的工艺状况。

正常的停车操作对保证生产安全、减少对催化剂和设备的损害、为开车创造有利条件等都是非常重要的。不论是对固相加工或气相加工,正常停车的顺序都是首先切断热源(对于放热反应过程,则是停止送料),随后降温。至于是否需要停气或放料,则视工艺特点而定。一般情况下,固相加工过程有时可以采取停气,把固体物料留在装置里不会造成下次开车启动的困难;但对气相加工来说,特别是对于采用细颗粒而又用旋风分离器的场合,就需要在床温降至一定温度时,立即把固体物料用气流输送的办法转移到贮罐里去,否则会造成下次开车启动的困难。

为了防止突然停电或异常事故的突然发生,考虑紧急地把固体物料转移出去的手段是必须的。同时,为了防止颗粒物料倒灌,所有与反应器连接的管道,如进、出气管,进料管,测压与吹扫气管,都应安装止逆阀门,使之能及时切断物料,防止倒流,并使系统缓慢地泄压,以防事故的扩大。

第五节　本体聚合流化床反应器的操作

一、高抗冲乙烯丙烯共聚物(HIMONT)本体聚合生产原理

具有剩余活性的干均聚物(聚丙烯),在压差作用下自闪蒸罐 D-301 流到该气相共聚反应器 R-401。乙烯、丙烯以及反应混合气在一定的温度 70 ℃,一定的压力 1.35 MPa下,通过具有剩余活性的干均聚物(聚丙烯)的引发,在流化床反应器里进行反应,同时加入氢气以改善共聚物的本征黏度,生成高抗冲击共聚物。

主要原料:乙烯,丙烯,具有剩余活性的干均聚物(聚丙烯),氢气。

反应方程式:

$$nC_2H_4 + nC_3H_6 \longrightarrow [C_2H_4{-}C_3H_6]n。$$

主产物:高抗冲击共聚物(具有乙烯和丙烯单体的共聚物)。

副产物:无。

二、高抗冲乙烯丙烯共聚物(HIMONT)本体聚合工艺流程

该流化床反应器取材于 HIMONT 工艺本体聚合装置,用于生产高抗冲击共聚物。具有剩余活性的干均聚物(聚丙烯),在压差作用下自闪蒸罐 D-301 流到该气相共聚反应器 R-401。

在气体分析仪的控制下,氢气被加到乙烯进料管道中,以改进聚合物的本征黏度,满足加工需要。

聚合物从顶部进入流化床反应器,落在流化床的床层上。流化气体(反应单体)通过一个特殊设计的栅板进入反应器。由反应器底部出口管路上的控制阀来维持聚合物的料位。聚合物料位决定了停留时间,从而决定了聚合反应的程度,为了避免过度聚合的鳞片状产物堆积在反应器壁上,反应器内配置一转速较慢的刮刀,以使反应器壁保持干净。栅板下部夹带的聚合物细末,用一台小型旋风分离器 S401除去,并送到下游的袋式过滤器中。所有未反应的单体循环返回到流化压缩机的吸入口。来自乙烯汽提塔顶部的回收气相与气相反应器出口的循环单体汇合,而将补充的氢气、乙烯和丙烯加入压缩机排出口。

循环气体用工业色谱仪进行分析,调节氢气和丙烯的补充量。然后调节补充的丙烯进料量以保证反应器的进料气体满足工艺要求的组成。

用脱盐水作为冷却介质,用一台立式列管式换热器将聚合反应热撤出。该热交换器位于循环气体压缩机之前。

共聚物的反应压力约为 1.4 MPa(表),70 ℃。注意:该系统压力位于闪蒸罐压力和袋式过滤器压力之间,从而在整个聚合物管路中形成一定压力梯度,以避免容器间物料的返混并使聚合物向前流动。

三、本体聚合流化床反应器的操作与控制

(一)操作与控制

1. 开车准备

准备工作包括:系统中用氮气充压,循环加热氮气,随后用乙烯对系统进行置换(按照实际正常的操作,用乙烯置换系统要进行两次,考虑到时间关系,只进行一次)。这一过程完成之后,系统将准备开始单体开车。

(1)系统氮气充压加热:

① 充氮:打开充氮阀,用氮气给反应器系统充压,当系统压力达 0.7 MPa(表)时,关闭充氮阀。

② 当氮充压至 0.1 MPa(表)时,按照正确的操作规程,启动 C401 共聚循环气体压缩机,将导流叶片(HIC402)定在 40%。

③ 环管充液:启动压缩机后,开进水阀 V4030,给水罐充液,开氮封阀 V4031。

④ 当水罐液位大于 10%时,开泵 P401 入口阀 V4032,启动泵 P401,调节泵出口阀 V4034 至 60%开度。

⑤ 手动开低压蒸汽阀 HC451,启动换热器 E-409,加热循环氮气。

⑥ 打开循环水阀 V4035。

⑦ 当循环氮气温度达到 70 ℃时,TC451 投自动,调节其设定值,维持氮气温度 TC401 在 70 ℃左右。

(2)氮气循环:

① 当反应系统压力达 0.7 MPa 时,关掉充氮阀。

② 在不停压缩机的情况下,用 PIC402 和排放阀给反应系统泄压至 0.0 MPa(表)。

③ 在充氮泄压操作中,不断调节 TC451 设定值,维持 TC401 温度在 70 ℃左右。

(3)乙烯充压:

① 当系统压力降至 0.0 MPa(表)时,关闭排放阀。

② 由 FC403 开始乙烯进料,乙烯进料量设定在 567.0 kg/h 时投自动调节,乙烯使系统压力充至 0.25 MPa(表)。

2. 干态运行开车

本规程旨在聚合物进入之前,共聚集反应系统具备合适的单体浓度,另外通过该步骤也可以在实际工艺条件下,预先对仪表进行操作和调节。

(1)反应进料:

① 当乙烯充压至 0.25 MPa(表)时,启动氢气的进料阀 FC402,氢气进料设定在

0.102 kg/h,FC402 投自动控制。

② 当系统压力升至 0.5 MPa(表)时,启动丙烯进料阀 FC404,丙烯进料设定在 400 kg/h,FC404 投自动控制。

③ 打开自乙烯汽提塔来的进料阀 V4010。

④ 当系统压力升至 0.8 MPa(表)时,打开旋风分离器 S-401 底部阀 HC403 至 20%开度,维持系统压力缓慢上升。

(2)准备接收 D301 来的均聚物:

① 再次加入丙烯,将 FIC404 改为手动,调节 FV404 为 85%。

② 当 AC402 和 AC403 平稳后,调节 HC403 开度至 25%。

③ 启动共聚反应器的刮刀,准备接收从闪蒸罐(D-301)来的均聚物。

3. 共聚反应物的开车

① 确认系统温度 TC451 维持在 70 ℃左右。

② 当系统压力升至 1.2 MPa(表)时,开大 HC403 开度在 40%和 LV401 在 20～25%,以维持流态化。

③ 打开来自 D-301 的聚合物进料阀。

④ 停低压加热蒸汽,关闭 HV451。

4. 稳定状态的过渡

(1)反应器的液位:

① 随着 R401 料位的增加,系统温度将升高,及时降低 TC451 的设定值,不断取走反应热,维持 TC401 温度在 70 ℃左右。

② 调节反应系统压力在 1.35 MPa(表)时,PC402 自动控制。

③ 手动开启 LV401 至 30%,让共聚物稳定地流过此阀。

④ 当液位达到 60%时,将 LC401 设置投自动。

⑤ 随系统压力的增加,料位将缓慢下降,PC402 调节阀自动开大,为了维持系统压力在 1.35 MPa,缓慢提高 PC402 的设定值至 1.40 MPa(表)。

⑥ 当 LC401 在 60%投自动控制后,调节 TC451 的设定值,待 TC401 稳定在 70 ℃左右时,TC401 与 TC451 串级控制。

(2)反应器压力和气相组成控制:

① 压力和组成趋于稳定时,将 LC401 和 PC403 投串级。

② FC404 和 AC403 串级联结。

③ FC402 和 AC402 串级联结。

正常工况下的工艺参数:

① FC402:调节氢气进料量(与 AC402 串级)正常值:0.35 kg/h。

② FC403:单回路调节乙烯进料量正常值:567.0 kg/h。

③ FC404:调节丙烯进料量(与 AC403 串级)正常值:400.0 kg/h。

④ PC402:单回路调节系统压力正常值:1.4 MPa。

⑤ PC403:主回路调节系统压力正常值:1.35 MPa。

⑥ LC401:反应器料位(与 PC403 串级)正常值:60%。

⑦ TC401:主回路调节循环气体温度正常值:70 ℃。

⑧ TC451:分程调节取走反应热量(与 TC401 串级)正常值:50 ℃。

⑨ AC402:主回路调节反应产物中 H_2/C_2 之比正常值:0.18。

⑩ AC403:主回路调节反应产物中 $C_2/C_3\&C_2$ 之比正常值:0.38。

5. 正常停车

(1) 降反应器料位:

① 关闭催化剂来料阀 TMP20。

② 手动缓慢调节反应器料位。

(2) 关闭乙烯进料,保压:

① 当反应器料位降至 10%,关乙烯进料阀 FV403。

② 当反应器料位降至 0%,关反应器出口阀 LV401。

③ 关旋风分离器 S-401 上的出口阀。

(3) 关丙烯及氢气进料:

① 手动切断丙烯进料阀 FV403。

② 手动切断氢气进料阀 FV402。

③ 排放导压至火炬。

④ 停反应器刮刀 A401。

(4) 氮气吹扫:

① 将氮气加入该系统。

② 当压力达 0.35 MPa 时放火炬。

③ 停压缩机 C-401。

(二)本体聚合流化床反应器常见异常现象及处理方法

高抗冲击共聚物生产过程中的本体聚合流化床反应器常见异常现象及处理方法见表 4-14。

表 4-14　本体聚合流化床反应器常见异常现象及处理方法

序号	异常现象	产生原因	处理方法
1	温度调节器 TC451 急剧上升,然后 TC401 随之升高	运行泵 P401 停	① 调节丙烯进料阀 FV404,增加丙烯进料量; ② 调节压力调节器 PC402,维持系统压力; ③ 调节乙烯进料阀 FV403,维持 C2/C3 比
2	系统压力急剧上升	压缩机 C-401 停	① 关闭催化剂来料阀 TMP20; ② 手动调节 PC402,维持系统压力; ③ 手动调节 LC401,维持反应器料位
3	丙烯进料量为 0.0	丙烯进料阀卡	① 手动关小乙烯进料量,维持 C2/C3 比; ② 关催化剂来料阀 TMP20; ③ 手动关小 PV402,维持压力; ④ 手动关小 LC401,维持料位
4	乙烯进料量为 0.0	乙烯进料阀卡	① 手动关丙烯进料,维持 C2/C3 比; ② 手动关小氢气进料,维持 H2/C2 比
5	D301 供料停止	D301 供料阀 TMP20 关	① 手动关闭 LV401; ② 手动关小丙烯和乙烯进料; ③ 手动调节压力

四、流化床反应器中常见异常现象及处理方法

流化床是均匀的,各处的床层空隙率基本上相同,随着流速增加床层均匀变疏。但是,在化工生产中所用的气-固相反应则多为聚式流态化,其中气体和固体的接触是相当复杂的,经常产生一些不规则状态,常见的不正常现象有以下两种。

(1) 沟流。气流通过床层,其流速虽然超过临界流化速度,但床内只形成一条狭窄通道,而大部分床层仍然处在固定状态,这种现象称为沟流,其特征是气体通过床层时形成短路。

沟流有两种情况,如果沟流穿过整个床层称为贯穿沟流;如果沟流仅发生在局部称为局部沟流。如图 4-38 所示。

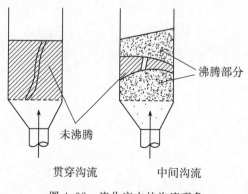

沸腾部分

未沸腾

贯穿沟流　　中间沟流

图 4-38　流化床中的沟流现象

沟流造成床层密度不均匀,有可能产生死床,造成催化剂烧结,降低催化剂使用寿命,降低转化率,缩小生产能力。沟流产生的原因主要有:

① 颗粒很细、潮湿,物料易黏结,床层很薄;

② 气速过低或气流分布不均匀;

③ 分布板结构不合理,开孔太少,床内构件阻碍气体的流动等。

要消除沟流应预先干燥物料并适当加大气速,在床内加内部构件及改善分布板结构等。

(2) 大气泡和腾涌。在流化床中,生成的气泡在上升途中不断增大是正常现象,但是如果床层中大气泡很多,由于气泡不断搅动和破裂,而使气-固接触极不均匀,床层波动也较大,就是不正常的大气泡现象;如果气速继续增大,则气泡可能增大到接近容器直径,使床内物料呈活塞状向上运动,于是床层被分成一段或几段,当达到某一高度后突然崩裂,颗粒散落而下,这种现象称为腾涌。大气泡和腾涌使床层极不稳定,床层的均匀性被破坏,气-固接触不良,从而严重的影响产品的收率和质量,增加固体颗粒的机械磨损和带出,降低催化剂的使用寿命,床内构件也易磨损。

造成大气泡和腾涌现象的主要原因有:

① 床高和床直径之比较大;

② 颗粒粒度大;

③ 床内气速较大。

消除腾涌的方法:在床内加设内部构件,以防止大气泡的产生,或在可能的情况下减小气速和床层高径比。

第五章
气-液相反应器的操作与控制

知识目标

☞ 熟悉气-液相反应器的种类及基本结构；

☞ 掌握鼓泡塔反应器的生产原理；

☞ 了解气-液相反应器的基本操作及日常维护。

技能目标

☞ 能够进行鼓泡塔反应器的简单计算；

☞ 能够完成鼓泡塔反应器的仿真操作。

态度目标

☞ 具有良好的人际交流沟通能力；

☞ 具有良好的团队协作精神与能力；

☞ 具有较强的表达能力。

　　气-液相反应过程属于非均相反应过程，是指气相中的组分必须进入液相中才能进行反应的过程。一种是所有反应组分是气相的，而催化剂是液相的，反应组分必须经相界面传质进入液相中，然后在液相中发生反应；另一种情况可能是一种反应物是气相的，而另一种反应物是液相的，气相的反应物必须进入液相中才有可能发生反应。不管是哪种形式，气-液相反应均需要进行相间传递才能进行。用来进行气-液相反应的反应器称为气-液相反应器。

第一节　气-液相反应器

由于气-液相反应器内进行的是非均相反应,因此它的结构比均相反应器的结构复杂,需要具有一定的传递特性来满足气-液相间的传质过程。气-液相反应器的种类很多,从反应器的外形上则可以分为塔式(如填料塔反应器、板式塔、喷雾塔、鼓泡塔等)和机械搅拌釜式反应器两类。而根据气-液两相接触形态可以分为鼓泡式,即气体以气泡形式分散在液相中,液相是连续相,气相是分散相,如鼓泡塔、搅拌釜式反应器等;膜式反应器,即液体以膜状运动与气相进行接触,气、液两相均为连续相;液滴型反应器,即液体以液滴状分散在气相中,气相是连续相,液相是分散相,如喷雾塔、喷射塔、文丘里反应器等。下面介绍几种常用的反应器。

一、鼓泡塔反应器

气体以鼓泡的形式通过催化剂液层进行化学反应的塔式反应器,称作鼓泡塔(床)反应器,简称鼓泡塔。

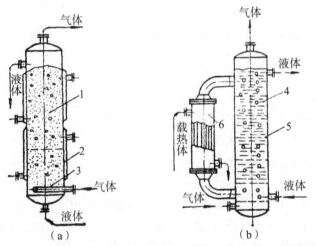

1—分布隔板;2—夹套;3—气体分布器;4—塔体;5—挡板;6—塔外换热器

图 5-1　鼓泡塔反应器

应用最为广泛的是简单鼓泡塔反应器,其基本结构是内盛液体的空心圆筒,底部装有气体分布器,壳外装有夹套或其他型式换热器或设有扩大段、液滴捕集器等,见图 5-1。反应气体通过分布器上的小孔鼓泡而入,液体间歇或连续加入,连续加入的液体可以和气体并流或逆流,一般并流形式较多。气体在塔内为分散相,液体为连续相,液体返混程度较大。为了提高气体分散程度和减少液体轴向循环,可以在塔内安置水平多孔隔板。简单鼓泡塔内液体流型可近似视为理想混合模型,气相可近似视为理想置换模型。鼓泡塔反应器具有结构简单、运行可靠、易于实现大型化,适宜于加压操作,在采取防腐措施(如衬橡胶、瓷砖、搪瓷等)后,还可以处理腐蚀性介质等优点。但是不能在简单鼓泡塔内处理密度不均一的液体,如悬浊液等。

为了能够处理密度不均一的液体,强化反应器内的传质过程,可采用气体升液式鼓泡塔。该反应器结构较为复杂,如图 5-2。这种鼓泡塔与简单空床鼓泡塔的结构不同在于它的塔体内装有一根或几根气升管,它依靠气体分布器将气体输送到气升管的底部,在气升管中形成气-液混合物。此混合物的密度小于气升管外的液体的密度,因此引起气-液混合物向上流动,气升管外的液体向下流动,从而使液体在反应器内循环。因为气升管的操作像一个气体升液器,故有气体升液式鼓泡塔之称。在这种鼓泡塔中,虽然没有搅拌器,但气流的搅动要比简单鼓泡塔激烈得多。因此,它可以处理不均一的液体;如果把气升管做成夹套式,在内通热载体或冷载体,则气升管同时还具有换热作用。在反应过程中,气升管中的气体流型可视为理想置换模型,整个反应器中的液体则可视为理想混合模型。

为了增加气-液相接触面积和减少返混,可在塔内的液体层中放置填料,这种塔称作填料鼓泡塔。它与一般填料塔反应器不同,一般填料塔反应器中的填料不浸泡在液体中,只是在填料表面形成液层,填料之间的空隙中是气体。而填料鼓泡塔中的填料是浸没在液体中,填料间的空隙全是鼓泡液体。这种塔的大部分反应空间被填料所占据,因而液体在反应器中的平均停留时间很短,虽有利于传质过程,但传质效率较低,故不如中间设有隔板的多段鼓泡塔效果好。

鼓泡塔反应器的换热方式根据热效应的大小可采用不同的形式。当反应过程热效应不大时,可采用夹套式进行换热,如图 5-1 中(a);热效应较大时,可在塔内增设换热装置如蛇管、垂直管束、横管束等。或者还可以设置塔外换热器,以加强液体循环,如图 5-1 中(b)。同时也可以利用反应液蒸发的方法带走热量。

鼓泡塔反应器结构简单,造价低、易控制、易维修、防腐问题容易解决。但鼓泡塔内液体的返混程度大,气泡易产生聚并,反应效率低。

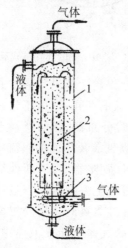

1—筒体;2—气升管;3—气体分布器
图 5-2 气体升液式鼓泡塔

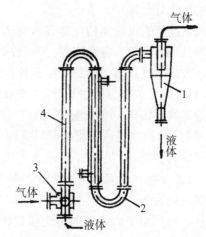

1—气-液分离器;2—管接头;3—气-液混合器;4—垂直管
图 5-3 鼓泡管反应器

二、鼓泡管反应器

鼓泡管反应器如图 5-3。它是由管接头依次连接的许多垂直管组成,在第一根管下端装有气-液混合器,最后一根管与气-液分离器相连接。这种反应器中,既有向上运动的气-液混合物,又有下降的气-液混合物,而下降的物流的流型变化有其独特的规律,下降管的直径较小,在其鼓泡流动时,气泡沿管截面的分布较均匀,但当气流速度较小时,反应器中某根管子会出现环状流,从而造成气流波动,引起总阻力显著增加,会使设备操作引起波动而处于不稳定状态,因此气体空塔流速不应过小,一般控制在大于 0.4 m/s。

鼓泡管反应器适用于要求物料停留时间较短(一般不超过 15～20 min)的生产过程,若物料要求在管内停留时间长,则必须增加管子的长度,而这样会造成反应器内流动阻力增大。此外,这种反应器特别适用于需要高压条件的生产过程,例如高压聚乙烯生产。

鼓泡管反应器的最大优点是生产过程中反应温度易于控制和调节。由于反应管内流体的流动属于理想置换模型,故达到一定转化率时所需的反应体积较小,对要求避免返混的生产体系更是十分有利。

三、搅拌釜式反应器

用于气-液相反应过程的搅拌釜式反应器结构如图 5-4。它与鼓泡塔反应器不同,气体的分散不是靠气体本身的鼓泡,而是靠机械搅拌。由于釜内装有搅拌器,使得反应器内的气体能较好地分散成细小的气泡,增大气-液接触面积,使液体达到充分混合。即使在气体流率很小时,搅拌也可以使气体充分分散。

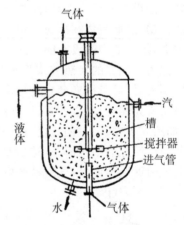

图 5-4　用于气-液相反应的搅拌釜式反应器

一般搅拌釜式反应器的气体导入方式采用在搅拌器下设置各种静态预分布器的强制分散方法。搅拌器的形式有很多种,最好选用圆盘形涡轮。若进气的方式是单管,将其置于涡轮桨下方的中心处,并接近桨翼。由于圆盘的存在,气体不致短路而必须通过桨翼被击碎。当气量较大时,可采用环形多孔管分布器,环的直径不大于桨翼直径的 80%,气泡一经喷出便可被转动桨翼刮碎并卷到翼片后面的涡流中而被进一步粉碎,同时沿着半径方向迅速甩出,碰壁后又折向搅拌器上、下两处循环旋转。气-液混合物在离桨翼不远处含气量最高,成为传质的主要地区。当液层高度与釜直径之比大于 1.2 时,一般需要两层或多层桨翼,有时桨翼间还要安置多孔挡板。气体在搅拌釜中的通过能力受液泛限制,超过液泛的气体不能在液体中分散,它们只能沿釜壁纵向上升。液体流量由反应时间决定。

搅拌釜式气-液相反应器的优点是气体分散良好,气-液相界面大,强化了传质、传热过程,并能使非均相液体均匀稳定。主要缺点是搅拌器的密封较难解决,在处理腐蚀性介质及加压操作时,应采用封闭式电动传动设备。达到相同转化率时,所需反应体积较大。

四、膜式反应器

膜式反应器的结构型式类似于管壳式换热器,反应管垂直安装,液体在反应管内壁呈膜状流动,气体和液体以并流或逆流形式接触并进行化学反应,这样可以保证气体和液体沿着反应管的径向均匀分布。

根据反应器内液膜的运动特点,膜式反应器可分为降膜式、升膜式和旋转气-液流膜式反应器,见图 5-5。

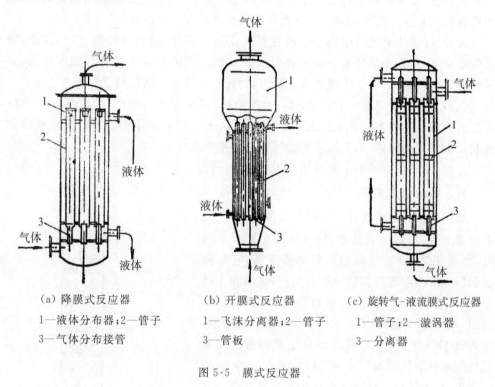

（a）降膜式反应器	（b）开膜式反应器	（c）旋转气-液流膜式反应器
1—液体分布器;2—管子	1—飞沫分离器;2—管子	1—管子;2—漩涡器
3—气体分布接管	3—管板	3—分离器

图 5-5　膜式反应器

1. 降膜式反应器

降膜式反应器是列管式结构,见图 5-5(a)。液体由上管板经液体分布器形成液膜,沿各管壁均匀向下流动,气体自下而上经过气体分布管分配进各管中,热载体流经管间空隙以排出反应热,因传热面积较大,故非常适合热效应大的反应过程。

因为这种反应器液体在管内停留时间较短,所以必要时可依靠液体循环来增加停留时间。在采取气-液逆流操作时,管内向上的气流速度不大于 $5\sim7$ m/s,以避免下流液体断流和夹带气体。如采取气-液并流时,则可允许较大的气体流速。

降膜式反应器的气体阻力小,气体和液体都接近于理想流动模型,结构比较简单,并具有操作性能可靠的特点。但当液体中掺杂有固体颗粒时,其工作性能将大大降低。

2. 升膜式反应器

升膜式反应器的结构见图 5-5(b)。液体加到管子下部的管板上,被气流带动并以膜的形式沿管壁均匀分布向上流动。在反应器上部装有用来分离液滴的飞沫分离器。

这种反应器在反应管内的气流速度可以在很大范围内变化,操作可按照气体和液体的性质,根据工艺要求在 $10\sim50$ m/s 范围选定。它比降膜式反应器中的气体传质强度更高。

3. 旋转气-液流膜式反应器

旋转气-液流膜式反应器的结构见图 5-5(c)。这种反应器中的每根管内都装有旋涡器,气流在旋涡器中将上部加入的液体甩向管壁,使其沿管壁呈膜式旋转流动。为使液膜一直保持旋转,在气-液分离器前沿管装有多个旋涡器。

旋转气-液流膜式反应器与前两种膜式反应器相比,提高了传质、传热效率,降低喷淋密度,对管壁洁净和润湿性条件要求也低。但因每根管都装有旋涡构件,而使结构复杂,同时增大了流体的流动阻力,因此只适用于扩散控制下的反应过程。

在各类膜式反应器中,气-液相均为连续相,适用于处理量大、浓度低的气体以及在液膜内进行的强放热反应过程。但不适用于处理含固体物质或能析出固体物质及黏性很大的液体,因为这样的流体容易阻塞喷液口。

目前,膜式反应器的工业应用尚不普遍,有待进一步研究和开发。

五、填料塔反应器

填料塔反应器由塔体、填料层、液体分布器、填料压紧装置、填料支承装置、液体再分布装置等构成,结构见图 5-6。液体沿填料表面下流,在填料表面形成液膜而与气相接触进行反应,故液相主体量较少,适用于瞬间反应、快速和中速反应过程。例如,催化热碱吸收 CO_2、水吸收 NOX 形成硝酸、水吸收 HCl 生成盐酸、吸收 SO_3 生成硫酸等通常都使用填料塔反应器。此类反应器具有结构简单、压降小、易于适应各种腐蚀介质和不易造成溶液起泡的优点,广泛应用于气体吸收,也可用作气、液相反应器。当然,填料塔反应器也有不少缺点。首先,它无法从塔体中直接移去热量,当反应热较高时,必须借助增加液体喷淋量以显热的形式带出热量;其次,由于存在最低润湿率的问题,在很多情况下需采用自身循环才能保证填料的基本润湿,但这种自身循环破坏了逆流的原则。尽管如此,填料塔反应器还是气-液反应和化学吸收的常用设备。特别是在常压和低压下,压降成为主要矛盾;反应溶

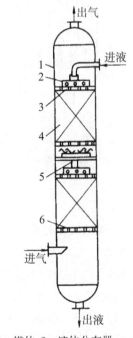

1—塔体;2—液体分布器;
3—填料压紧装置;4—填料层;
5—液体再分布器;6—填料支承装置

图 5-6 填料塔反应器结构示意图

剂易于起泡时,采用填料塔反应器尤为适合。

1. 塔体

塔体除用金属材料制作以外,还可以用陶瓷、塑料等非金属材料制作,或在金属壳体内壁衬以橡胶或搪瓷。金属或陶瓷塔体一般均为圆柱形,圆柱形塔体有利于气体和液体的均匀分布,但大型的耐酸石或耐酸砖塔则多砌成方形或多角形。

在选择塔体材料时,除考虑介质腐蚀性外,还应考虑操作温度及压力等因素。陶瓷塔体每分钟的温度变化不应超过 8 ℃,否则可能导致塔体破裂,对搪瓷设备来说,温度升降也不宜过快。

当所处理的气体和液体具有强烈的腐蚀性时,应选择耐腐蚀的材料来制作。习惯上,塔径不大的塔,工作压力低时,多采用耐酸陶瓷来制作塔体。大型塔可用耐酸石、砖或耐酸水泥制成。

塔体应具有一定的垂直度,以保证液体在塔截面上均匀分布。塔体还应有足够的强度和稳定性,以承受塔体自重和塔内液体的重量,并应考虑风载及地震因素的影响。

2. 填料及其特性参数

填料是填料塔反应器的核心部分,它提供了气-液两相接触传质的界面,是决定填料塔反应器性能的主要因素。对操作影响较大的填料特性有比表面积、空隙率、填料因子和单位堆积体积的填料数目。

(1) 比表面积:单位体积填料层所具有的表面积称为填料的比表面积,以 δ 表示,其单位为 m^2/m^3。显然,填料应具有较大的比表面积,以增大塔内传质面积。同一种类的填料,尺寸越小,则其比表面积越大。

(2) 空隙率:单位体积填料层所具有的空隙体积,称为填料的空隙率,以 ε 表示,其单位为 m^3/m^3。填料的空隙率大,气-液通过能力大且气体流动阻力小。

(3) 填料因子:将 δ 与 ε 组合成 δ/ε^3 的形式称为干填料因子,单位为 m^{-1}。填料因子表示填料的流体力学性能。当被喷淋的液体润湿后,填料表面覆盖了一层液膜,δ 与 ε 均发生相应的变化,此时 δ/ε^3 称为湿填料因子,以 ϕ 表示。ϕ 值小则填料层阻力小,发生液泛时的气速提高,亦即流体力学性能好。

(4) 单位堆积体积的填料数目:对于同一种填料,单位堆积体积内所含填料的个数是由填料尺寸决定的。填料尺寸减小,填料数目可以增加,填料层的比表面积也增大,而空隙率减小,气体阻力亦相应增加,填料造价提高。反之,若填料尺寸过大,在靠近塔壁处,填料层空隙很大,将有大量气体由此短路流过。为控制气流分布不均匀现象,填料尺寸不应大于塔径 D 的 $1/10\sim1/8$。此外,从经济、实用及可靠的角度来考虑,填料还应具有质量轻、造价低、坚固耐用、不易堵塞、耐腐蚀、有一定的机械强度等特性。各种填料往往不能完全具备上述各种条件,实际应用时,应依具体情况加以选择。

填料塔反应器的附件主要有填料支承装置、填料压紧装置、液体分布装置、液体再分布装置和除沫装置等。合理的选择和设计填料塔反应器的附件,对保证填料塔反应器的正常操作及良好的传质性能十分重要。

3. 填料支承装置

填料支承装置的作用是支撑塔内填料及其持有的液体重量,故支承装置要有足够的强度。同时为使气-液顺利通过,支承装置的自由截面积应大于填料层的自由截面积,否则当气速增大时,填料塔反应器的液泛将首先在支承装置发生。选择哪种支承装置,主要根据塔径、使用的填料种类及型号、塔体及填料的材质、气-液流速等而定。

常用的填料支承装置有栅板型、孔管型、驼峰型等,如图5-7所示。选择哪种支承装置,主要根据塔径、使用的填料种类及型号、塔体及填料的材质、气-液流速等而定。

　　　　(a) 栅板型　　　　　　　(b) 孔管型　　　　　　　(c) 驼峰型

图 5-7　填料支承装置

4. 填料压紧装置

为保持操作中填料床层高度恒定,防止在高压降、瞬时负荷波动等情况下填料床层发生松动和跳动,在填料装填后于其上方要安装填料压紧装置。

填料压紧装置分为填料压板和床层限制板两大类,每类又有不同的型式,图5-8列出了几种常用的填料压紧装置。

 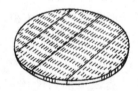 

　　(a) 压紧栅板　　　　　　(b) 压紧网板　　　　　(c) 905型金属压板

图 5-8　填料压紧装置

填料压紧装置分为填料压板和床层限制板两大类。填料压板自由放置于填料层上端,靠自身重量将填料压紧,它适用于陶瓷、石墨制的散装填料。当填料层发生破碎时,填料层空隙率下降,此时填料压板可随填料层一起下落,紧紧压住填料而不会形成填料的松动。床层限制板用于金属散装填料、塑料散装填料及所有规整填料。金属及塑料填料不易破碎,且有弹性,在装填正确时不会使填料下沉。床层限制板要固定在塔壁上,为不影响液体分布器的安装和使用,不能采用连续的塔圈固定,对于小塔可用螺钉固定于塔壁,而大塔则用支耳固定。

5. 液体分布装置

液体分布装置设在塔顶,为填料层提供足够数量并分布适当的喷淋点,以保证液体初始均匀地分布。液体分布装置对填料塔反应器的性能影响很大,如果液体初始分布不均匀,则填料层内有效润湿面积会减小,并出现偏流和沟流现象,降低塔的传质分离效果。填料塔反应器的直径越大,液体分布装置越重要。

常用的液体分布装置如图 5-9 所示。

莲蓬式喷洒器如图 5-9(a)所示。结构简单,但因小孔容易堵塞,一般适用于处理清洁液体,且直径小于 600 mm 的小塔。操作时液体压力必须维持恒定,否则会改变喷淋角和喷淋半径,影响液体分布的均匀性。

盘式分布器有盘式筛孔分布器、盘式溢流管分布器等形式,如图 5-9(b)、(c)所示。液体加至分布盘上,经筛孔或溢流管流下。盘式分布器常用于直径较大的塔,能基本保证液体分布均匀,但其制造较麻烦。

管式分布器由不同结构形式的开孔管制成,如图 5-9(d)、(e)所示。其突出的特点是结构简单,气体阻力小,特别适用于液量小而气量大的填料塔。

槽式液体分布器通常是由分流槽(又称主槽或一级槽)、分布槽(又称副槽或二级槽)构成的。

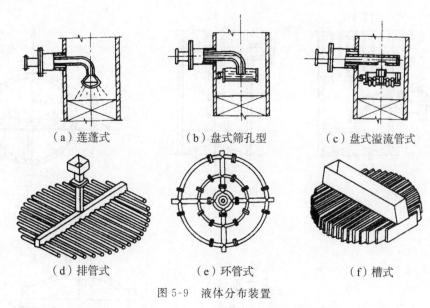

(a)莲蓬式　　　　　(b)盘式筛孔型　　　　　(c)盘式溢流管式

(d)排管式　　　　　(e)环管式　　　　　(f)槽式

图 5-9　液体分布装置

6. 液体再分布装置

液体沿填料层向下流动时,有偏向塔壁流动的现象,这种现象称为壁流。壁流将导致填料层内气-液分布不均,使传质效率下降。为减小壁流现象,可间隔一定高度在填料层内设置液体再分布装置。最简单的液体再分布装置为截锥式再分布器,如图 5-10 所示。图 5-10(a)是将截锥筒体焊在塔壁上。图 5-10(b)是在截锥筒的上方加设支承板,截锥下面隔一段距离再装填料,以便于分段卸出填料。

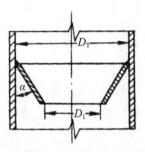
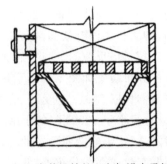

（a）将截锥筒体焊在塔壁上　　（b）在截锥筒的上方加设支承板

图 5-10　液体再分布装置

7. 除沫装置

气体出口既要保证气体流动畅通，又要清除气体中夹带的液体雾沫，因此常在液体分布器的上方安装除沫装置。

常见的有折板除沫器、丝网除沫器及填料除沫器，如图 5-11(a)、(b)、(c)所示。

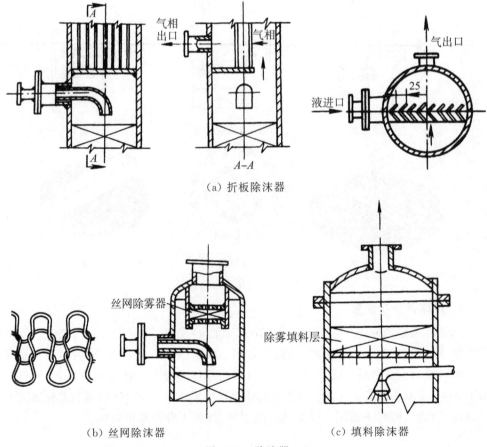

（a）折板除沫器

（b）丝网除沫器　　　　　　　　（c）填料除沫器

图 5-11　除沫器

除以上各类气-液反应器外，经常使用的还有板式塔反应器、喷雾塔反应器等。

板式塔反应器与精馏过程所使用的板式塔结构基本相同,在塔板上的液体是连续相,气体是分散相,气-液传质过程是在塔板上进行的。喷雾塔反应器结构较为简单,液体经喷雾器被分散成雾滴喷淋下落,气体自塔底以连续相向上流动,两相逆流接触完成传质过程,具有相接触面积大和气相压降小等特点。

第二节 气-液相反应器的选择

气-液相反应是化工生产中应用较多的反应,根据使用目的不同,可以分为两类:一种是通过气-液反应生产某种产品。另一种是通过气-液反应净化气体,即从气体原料或产物中除去有害的气体成分,有时也叫化学吸收。不同的反应类型对反应器的要求也不同。同样的反应类型,侧重点不同,对反应器的要求也不同。能够用于气-液相反应过程的反应器种类较多,在工业生产上,可根据工艺要求、反应过程的控制因素等选用,尽量能够满足生产能力大、产品收率高、能量消耗低、操作稳定、检修方便及设备造价低廉等要求。

当气-液相反应过程的主要目的是用于生产化工产品时,要根据不同的反应类型考虑。如果反应速度极快可则以选用填料塔反应器和喷雾塔;如果反应速度极快,同时热效应又很大,就可以考虑选用膜式塔;如果反应速度为快速或中速时,宜选用板式塔和鼓泡塔;而对于要求在反应器内能处理大量液体而不要求较大相界面积的动力学控制,同时要求装设内换热器以便及时移出热量的气-液相反应过程,宜选用鼓泡塔;另外若反应是要求有悬浮均匀的固体粒子催化剂存在的气-液相反应过程,或者反应体系是高黏性物系,此时一般选用具有搅拌器的釜式反应器。

从能量的角度考虑,反应器的设计就应该考虑能量的综合利用并尽可能降低能量的消耗。若反应在高于室温的条件下进行,就应考虑反应热量的利用和过程显热的利用。若反应在加压下进行,就应考虑反应过程压力能的利用。同时,反应过程中的温度控制对能量的消耗也有很大的影响。若气-液相反应的热效应很大而需要综合利用时,选降膜式反应器比较合适,也可以采用塔内安置冷却盘管的鼓泡塔反应器,而填料塔反应器则不适应该类反应,因为填料塔反应器只能靠增加喷淋量来移出反应热。

一、工业生产对气-液相反应器的选用要求

1. 具备较高的生产能力

在一般情况下,当气-液相反应过程的目的是用于生产化工产品时,应考虑选用填料塔反应器;如果反应速率极快可以选用填料塔反应器和喷雾塔;如果反应速率极快,同时热效应又很大,可以考虑选用膜式塔;如果反应速率极快而处于气膜控制

时,以选用喷射和文氏反应器等高速湍动的反应器为宜;如果反应速率为快速或中速时,宜选用板式塔;对于要求在反应器内能处理大量液体而不要求较大相界面积的动力学控制过程,以选用鼓泡塔和搅拌釜式反应器为宜;对于要求有悬浮均匀的固体粒子催化剂存在的气-液相反应过程,一般选用搅拌釜式反应器。

2. 有利于反应选择性的提高

反应器的选型应有利于抑制副反应的发生。如平行反应中副反应较主反应慢,则可采用持液量较少的设备,以抑制液相主体进行缓慢的副反应的发生;如副反应为连串反应,则应采用液相返混较少的设备(如填料塔反应器)进行反应,或采用半间歇(液体间歇加入和取出)反应器。

3. 有利于降低能量消耗

反应器的选型应考虑能量综合利用并尽可能降低能耗。若气-液反应在高于室温进行,则应考虑反应热量的回收;如气-液反应在加压条件下进行,则应考虑压力能量的综合利用。除此之外,为了造成气-液两相分散接触,需要消耗一定的动力。研究表明:就造成比表面积而言,喷射反应器能耗最少,其次是搅拌釜式反应器和填料塔反应器,而文氏管和鼓泡反应器的能耗更大些。

4. 有利于反应温度的控制

气-液相反应绝大部分是放热的,因而如何移热防止温度过高是经常碰到的实际问题。当气-液相反应热效应很大而又需要综合利用时,降膜反应器是比较合适的。除此之外,板式塔和鼓泡反应器可借助于安置冷却盘管来移热。但在填料塔反应器中,移热比较困难,通常只能提高液体喷淋量,以液体显热的形式移除。

5. 能在较小液体流率下操作

为了得到较高的液相转化率,液体流率一般较低,此时可选用鼓泡塔、搅拌釜和板式塔反应器,但不宜选用填料塔反应器、降膜塔和喷射型反应器。例如,当喷淋密度低于 $3 \ m^3/(m^2 \cdot h)$ 时,填料就不会全部润湿,降膜反应器也有类似的情况,喷射型反应器在液气比较低时将不能造成充足的接触比表面。

二、鼓泡塔反应器

鼓泡塔反应器具有容量大、液体为连续相、气体为分散相、气-液两相接触面积大等特点,适用动力学控制的气-液相反应过程,也可应用于扩散控制过程。又因其气体空塔速度具有较宽广的范围,而当采用较高气体空塔速度时,强化了反应过程传质和传热,因此,在化工生产中的气-液相反应过程多选用鼓泡塔反应器。

1. 鼓泡塔内的流体流动

在鼓泡塔中,气体是通过分布器的小孔形成气泡鼓入液体层中。因此,气体在床层中的空塔速度决定了单位反应器床层的相界面积、含气率和返混程度等。最终影响反应系统的传质和传热过程,导致反应效果受到影响。所以,研究气泡的大小、气泡的浮升速度、含气率、相界面积以及流体阻力等,对鼓泡塔反应器的分析、控制和计算有着重要的意义。

因空塔气速不同,液体会在鼓泡塔内出现不同的流动状态,一般分为安静区和湍动区以及介于二者之间的过渡区。

当气体的空塔速度小于 0.05 m/s 时,气体通过分布器时几乎呈分散的、有次序的鼓泡,气泡大小均匀,有规则地浮升;液体由轻微湍动过渡到明显湍动,此时为安静区。在安静区操作,既能达到一定的气体流量,又很少出现气体的返混现象。

当气体的空塔速度大于 0.08 m/s 时,则为湍动区。在湍动区内,由于气泡不断地分裂、合并,产生激烈的无定向运动。部分上升的气泡群产生水平和沟流向下运动,而使塔内液体扰动激烈,气泡已无明显界面。在生产装置中,简单鼓泡塔往往选择安静区操作,气体升液式鼓泡塔是在湍动区操作。

(1) 气泡尺寸。气体在鼓泡塔中主要以两种方式形成气泡。当空塔气速较低时,利用分布器(多孔板或微孔板)使通过的气体在塔中分散成气泡;当空塔气速较高时,主要以液体的湍动引起喷出气流的破裂形成气泡。而气体分布器和液体的湍动情况不同,影响气泡大小也不同。通过实验观察可以看到,直径小于 0.002 m 的气泡近似为坚实球体垂直上升,当气泡直径更大时,其外形好似菌帽状,近似垂直上升。

假设有一单个喷孔,当气体鼓入时,气泡逐渐在喷孔上长大,随着气泡的增长,浮力增大,直到浮力等于气泡脱离喷孔的阻力(表面张力)时,气泡便离开喷孔上浮。如果气泡是圆形的。则存在下列关系:

$$V_b = \frac{\pi}{6} d_b^3 = \frac{\pi d_0 \sigma_L}{(\rho_L - \rho_G) g} \tag{5-1}$$

式中,V_b 为单个气泡体积,m^3;d_0 为分布器喷孔直径,m;σ_L 为表面张力,N/m;ρ_L、ρ_G 分别是液体、气体的密度,kg/m^3;g 为重力加速度,$g = 9.81$ m/s^2。

气泡直径为:
$$d_b = 1.82 \left[\frac{d_0 \sigma_L}{(\rho_L - \rho_G) g} \right]^{1/3} \tag{5-2}$$

气泡产生的多少可以用发泡频率来计算。

发泡频率为
$$f = \frac{V_0}{V_b} = \frac{V(\rho_L - \rho_G) g}{\pi d_0 \sigma_L} \tag{5-3}$$

式中,f 为发泡频率,V_0 为通过每个小孔的气体体积流量。

从式(5-3)可以看出:在安静区,气泡直径与分布器小孔直径 d_0、表面张力 σ_L、液体与气体的密度差等有关。d_0 小则可以获得较小气泡;气泡尺寸和每个小孔中气体流量 V_0 无关;气泡频率与每个小孔中气体流量 V_0 成正比。

在工业操作中,气泡的大小并不均一,计算时仅以当量比表面平均直径 d_{vs} 计算。当量比表面平均直径 d_{vs} 是指当量圆球气泡的面积与体积比值与全部气泡加在一起的表面积和体积之比值相等时该气泡的平均直径。

$$d_{vs} = \frac{\sum n_i d_i^3}{\sum n_i d_i^2} \tag{5-4}$$

当鼓泡塔在较高空塔气速条件下操作时,液体开始处于湍动状态,随着气速进一步增加,气-液两相均处于湍动状态。气体离开分布器后以喷射状态进入液层,在分布器上方崩解为较小的气泡、气泡的直径由于激烈的湍动而分布很广,此时分布器孔径、经过小孔的气速对气泡尺寸的影响较小,分布器对气泡的尺寸已无影响。因此鼓泡塔内实际的气泡当量比表面平均直径可按下面的关系式近似估算

$$d_v = 26B_0^{-0.5}G_a^{-0.12}\left(\frac{u_{OG}}{\sqrt{g\,d_t}}\right)^{1/2} \tag{5-5}$$

式中,$B_0 = \dfrac{g d_t^2 \rho_L}{\sigma_L}$ 为朋特数;$G_a = \dfrac{g d_t}{v_L}$ 为伽利略数;V_L 为液体运动黏度,d_t 为鼓泡塔反应器的内径。

一般工业鼓泡式反应器中气泡直径小于 0.005 m。分布器开孔率范围较宽,可达 0.03%~30%,采用较大开孔率往往引起部分小孔不出气甚至被堵塞,故应取偏低的开孔率。由于鼓泡塔液层较高,其上部还有气-液分离空间,实际雾沫夹带并不严重,因此分布器小孔气速可以取得较高,实际反应器中有采用到 80 m/s 者。

(2) 气含率。单位体积鼓泡床(充气层)内气体所占的体积分数,称为气含率。鼓泡塔内的鼓泡流态使液层膨胀,因此在决定反应器尺寸或设计液位控制器时,必须考虑气含率的影响。气含率还直接影响传质界面的大小和气体、液体在充气-液层中的停留时间,所以也对气-液传质和化学反应有着重要影响。

气含率:
$$\varepsilon_G = \frac{V_G}{V_{GL}} = \frac{H_{GL} - H_L}{H_{GL}} \tag{5-6}$$

式中,V_G 为气体的体积,m³;V_{GL} 为充气-液层的体积,m³;H_{GL} 为充气-液层的高度,m;H_L 为静液层高度,m。

影响气含率的因素有很多,主要有设备结构、物性参数和操作条件。设备结构主要是鼓泡塔的直径和分布板小孔的直径。气含率随着鼓泡塔的直径的增加而减小,但当 $D > 0.15$ 时,气含率不再随鼓泡塔的直径而变。当分布板小孔的直径 $d_0 < 0.00225$ m 时,气含率随孔径的增加而增大,分布板小孔的直径 d_0 为 0.00225~0.005 m 时,气含率与孔径无关。一般气体的性质对气含率的影响不大,可以忽略不计。而液体的性质对气含率的影响则不能忽略。操作条件主要是指空塔气速。当空塔气速增大时;气含率也随着增大;但当空塔气速增大到一定值时,气泡汇合,气含率反而下降。

在工业生产中,气含率可用式(5-7)计算。

$$\varepsilon_G = 0.627\left(\frac{u_{OG}\mu_L}{\sigma_L}\right)^{0.578}\left(\frac{\mu_L^4 g}{\rho_L \sigma_L^3}\right)^{-0.131}\left(\frac{\rho_G}{\rho_L}\right)^{0.062}\left(\frac{\mu_G}{\mu_L}\right)^{0.107} \tag{5-7}$$

(3) 气泡浮升速度。单个气泡由于浮力作用在液体中上升,随着上升速度增加,阻力也增加。当浮力等于阻力和重力之和时,气泡达到自由浮升速度。而在鼓泡塔反应器中,气泡并不是单独存在的,而是许多气泡一起浮升。所以,工业鼓泡式反应器内气泡浮升速度可以用式5-8近似计算。

$$u_t = \left(\frac{2\sigma_t}{d_{vs}\rho_L} + g\frac{d_{vs}}{2}\right)^{0.5} \tag{5-8}$$

在鼓泡塔内,由于气泡相和液体相是同时流动,因此气泡与液体间存在一相对速度。该相对速度称为滑动速度,可通过气相和液相的空塔速度及动态含气率求出。在计算时分为两种情况处理。

液相静止时:
$$u_s = \frac{u_{OG}}{\varepsilon_{OG}} = u_G \tag{5-9a}$$

液相流动时:
$$u_s = u_G \pm u_L = \frac{u_{OG}}{\varepsilon_G} \pm \frac{u_{OL}}{1-\varepsilon_G} \tag{5-9b}$$

式中,u_{OG}、u_{OL} 为空塔气速、空塔液速,m/s;u_s 为滑动速度,m/s,u_G,u_L 分别实际气体、液体的流动速度,m/s。

(4) 气体压降。鼓泡塔中气体阻力由分布器小孔的压降和鼓泡塔的静压降两部分组成。即:

$$\Delta p = \frac{10^{-3}}{C^2} \frac{u_0^2 \rho_G}{2} + H_{GL} g \rho_{GL} \tag{5-10}$$

式中,Δp 为气体压降,kPa;C^2 为小孔阻力系数,约为 0.8;u_0 为小孔气速,m/s;ρ_{GL} 为鼓泡层密度,kg/m。

(5) 比相界面积。比相界面积是指单位鼓泡床层体积内所具有的气泡的表面积。它的大小对气-液相反应的传质速率有很大的影响。根据定义,比相界面积可由式(5-11)计算:

$$a = \frac{6\varepsilon_G}{d_{zs}} \tag{5-11}$$

在工业鼓泡塔内,比相界面积一般由经验式计算。不同的操作条件,所选用的经验公式不同。当 $u_{OG} < 0.6$ m/s,$0.02 \leqslant \frac{H_L}{D} \leqslant 24$,$5.7 \times 10^5 \leqslant \frac{\rho_L \sigma_L}{g \mu_L} \leqslant 10^{11}$ 时,比相界面积可用式(5-12)计算。

$$a = 26 \left(\frac{H_L}{D} \right)^{-0.03} \left(\frac{\rho_L \sigma_L}{g \mu_L} \right)^{-0.003} \varepsilon_G \tag{5-12}$$

在工业使用的鼓泡塔内,当气-液并流由塔底向上流动处于安静区操作时,气体的流动通常可视为理想置换模型。当气-液逆向流动,液体流速较大时,夹带着一些较小的气泡向下运动,而且由于沿塔的径向含气率分布不均匀,气泡倾向于集中在中心,液流既有在塔中心的流动,又有在沿塔内壁的反向流动,因而,即使在空塔气速很小的情况下,液相也存在着返混现象。当液体高速循环时,鼓泡塔可以近似视为理想混合反应器。返混可使气-液接触表面不断更新,有利于传质过程,使反应器内温度和催化剂分布趋于均匀。但是,返混影响物料在反应器内的停留时间分布,进而影响化学反应的选择性和目的产物的收率。因此,工业鼓泡塔通常采用分段鼓泡的方式或在塔内加入填料或增设水平挡板等措施,以控制鼓泡塔内的返混程度。

2. 鼓泡塔中的传质

气-液相间传质规律的描述,在模块一中已有叙述,在此不再赘述。在鼓泡塔内,传质的阻力主要集中在液膜层,气膜层的阻力可以忽略不计。因此,要想提高鼓泡塔中的传质速率,就必须提高液相传质系数。影响鼓泡塔内液相传质系数的因素有很多。当反应在安静区操作时,气泡的尺寸、空塔气速、液体的性质及扩散系数等对传质系数的影响较大;当反应在湍动区进行时,液体的扩散系数、液体的性质、气泡的当量比表面积及气体的表面张力等则成为主要影响因素。

鼓泡塔中的液膜传质系数的计算可用经验式计算。如:

$$Sh = 2.0 + C\left[R_{eb}^{0.484} S_d^{0.339}\left(\frac{d_b g^{1/3}}{D_{AL}^{2/3}}\right)^{0.72}\right]^{1.61} \tag{5—12}$$

式中,$Sh = \dfrac{k_{AL} d_b}{D_{AL}}$,$Sh$ 为舍吾德准数;$S_d = \dfrac{\mu_L}{\rho_L D_{AL}}$,$S_d$ 为液体施密特准数;$R_{eb} = \dfrac{d_b u_{OG} \rho_L}{\mu_L}$ 为气泡雷诺数;D_{AL} 为液相有效扩散系数,m^2/s;k_{AL} 为液相传质系数 m/s。单个气泡时 $C = 0.081$,气泡群时 $C = 0.187$。此式的适用范围为:$0.2\ cm < d_b < 0.5\ cm$,液体空速 $u_L \leqslant 10\ cm/s$,气体空速 $u_{OG} = 4.17 \sim 27.8\ cm/s$。

3. 鼓泡塔中的传热

在鼓泡塔反应器内,由于气泡的上升运动而使液体边界层厚度减小,同时,塔中部的液体随气泡群的上升而被夹带着向上流动,使得近壁处液体回流向下,构成液体循环流动。这些都导致了鼓泡塔反应器内的鼓泡层的给热系数增大,比液体自然对流时大很多。另外,鼓泡塔内给热系数除了液体的物性数据的影响外,空塔气速的影响也是不能忽略的。当空塔气速较小时,随着气速的增加,给热系数增大;但当气速超过某一临界值时,气速的增加对给热系数没有影响。给热系数的计算依然是采用经验式。当鼓泡塔反应器的换热方式采用在反应器内设置换热器的方式进行时,给热系数可用式(5-13)计算:

$$\frac{\alpha_t D}{\lambda_L} = 0.25\left(\frac{D^3 \rho_L^2 g}{\mu_L^2}\right)^{\frac{1}{3}}\left(\frac{c_{pL} \mu_L}{\lambda_L}\right)^{1/3}\left(\frac{u_{OG}}{u_s}\right)^{0.2} \tag{5-13}$$

式中,α_t 为给热系数,$J/(m^2 \cdot s \cdot K)$;λ_L 为液体的导热系数,$J/(m^2 \cdot s \cdot K)$;c_p 为液体的比热容,$J/(kg \cdot K)$;D 为床层直径,m。

鼓泡塔反应器的总传热系数 K 的计算与换热器总传热系数 K 的计算公式相同。但管内侧给热系数必须通过式(5-13)计算,而管外侧的给热系数及传热壁的热阻计算等同于换热器的计算。通常情况下,鼓泡塔反应器的总传热系数 $K = 894 \sim 915\ J/(m^2 \cdot s \cdot K)$。

三、填料塔反应器

填料塔反应器操作时,液体自塔上部进入,通过液体分布器均匀喷洒在塔截面上并沿填料表面呈膜状下流。当塔较高时,由于液体有向塔壁面偏流的倾向,使液体分布逐渐变得不均匀,因此经过一定高度的填料层以后,需要液体再分布装置,将液体重新均匀分布到下段填料层的截面上,最后液体经填料支承装置从塔下部排出。

气体自塔下部经气体分布装置送入,通过填料支承装置在填料缝隙中的自由空间上升并与下降的液体接触,最后从塔顶排出。为了除去排出气体中夹带的少量雾状液滴,在气体出口处常装有除沫器。

填料层内气-液两相呈逆流接触,填料的润湿表面即为气-液两相的主要传质表面,两相的组成沿塔高连续变化。

1. 填料的选择

填料是填料塔反应器的核心,其性能优劣是影响填料塔反应器能否正常操作的主要因素。填料应根据分离工艺要求进行选择,对填料的品种、规格和材质进行综合考虑。应尽量使选定的填料既能满足生产工艺要求,又能使设备的投资和操作费最低。填料的选择包括填料种类、规格及材质等选择内容。

(1) 填料种类的选择。各类填料的选择通常根据分离工艺的要求,从以下几个方面进行考虑。

① 填料的传质效率。传质效率高即分离效率高,它有两种表示方法:一是以每个理论级当量填料层高度表示,即 HETP 值;另一是以每个传质单元相当的填料层高度表示,即 HTU 值。对于大多数填料,其 HETP 值或 HTU 值可从有关手册中查到,也可通过一些经验公式来估算。

② 填料的通量。在同样的液体负荷下,填料的泛点气速越高或气相动能因子越大则通量越大,塔的处理能力也越大。因此,选择填料种类时,在保证具有较高传质效率的前提下应选择具有较高泛点气速或气相动能因子的填料。填料的泛点气速或气相动能因子可由经验公式计算,也可由图表查取。

③ 填料层的压降。填料层压降越低,塔的动力消耗越低,操作费越小。比较填料层压降的方法有两种:一是比较填料层单位高度的压降 $\Delta P/Z$;另一是比较填料层单位理论级的压降 $\Delta P/NT$。填料层的压力降可由经验公式计算,也可从有关图表中查出。

④ 填料的使用性能。即填料的抗污垢、堵塞性能及是否方便拆装与检修。

(2) 填料规格的选择。填料规格是指填料的公称尺寸或比表面积。

① 散装填料规格的选择。工业塔常用的散装填料主要有 DN16、DN25、DN38、DN50、DN76 等几种规格。同类填料,尺寸越小,分离效率越高,但阻力增加,通量减少。填料投资费用也增加很多。而大尺寸的填料应用于小直径塔中,又会产生液体分布不良及严重的壁流现象,使塔的分离效率降低。因此,对塔径与填料尺寸的比值要有一规定,一般塔径与填料公称直径的比值 D/d 应大于 8。

② 规整填料规格的选择。工业上常用规整填料的型号和规格的表示方法很多,有用峰高值或波距值表示的,也有用比表面积值表示的。国内习惯用比表面积值表示,主要有 125、150、250、350、500、700 等几种规格,同种类型的规整填料,其比表面积越大,传质效率越高,但阻力增加,通量减少,填料投资费用也明显增加。选用时应从分离要求、通量要求、场地条件、物料性质及设备投资、操作费用等方面综合考虑,使所选填料既能满足技术要求,又具有经济合理性。

(3) 填料材质的选择。填料的材质分为陶瓷、金属和塑料三大类。

① 陶瓷填料。陶瓷填料具有很好的耐腐蚀性,一般能耐氢氟酸以外的常见的无机酸、有机酸及各种有机溶剂的腐蚀。陶瓷填料可在低温、高温下工作,但质脆、易

碎是陶瓷填料的最大缺点。陶瓷填料价格便宜,具有很好的表面润湿性能,在气体吸收、气体洗涤、液体萃取等过程中应用较为普遍。

② 金属填料。金属填料可用多种材质制成,金属材质的选择主要根据物系的腐蚀性及金属材质耐腐蚀性来综合考虑。碳钢填料造价低,且具有良好的表面润湿性能,对于无腐蚀或低腐蚀性物系应优先考虑使用;不锈钢填料耐腐蚀性强,但其造价较高,且表面润湿性能较差。在某些特殊场合(如极低喷淋密度下的减压精馏过程),需对其表面进行处理才能取得良好的使用效果;钛材、特种合金钢等材质制成的填料造价很高,一般只在某些腐蚀性极强的物系下使用。

一般来说,金属填料可制成薄壁结构,它的通量大、气体阻力小,且具有很高的抗冲击性能,能在高温、高压、高冲击强度下使用,应用范围最为广泛。

③ 塑料填料。塑料填料的材质主要包括聚丙烯(PP)、聚乙烯(PE)及聚氯乙烯(PVC)等,国内一般多采用聚丙烯材质。塑料填料的耐腐蚀性能较好,可耐一般的无机酸、碱和有机溶剂的腐蚀。其耐温性良好,可长期在 100 ℃ 以下使用。

塑料填料质轻、价廉,具有良好的韧性,耐冲击、不易碎,可以制成薄壁结构。它的通量大、压降低,多用于吸收、解吸、萃取、除尘等装置中。塑料填料的缺点是表面润湿性能差,为改善塑料表面润湿性能,可进行表面处理,一般能取得明显的效果。

2. 填料塔的工艺尺寸计算

(1) 塔径计算:

填料塔直径计算可采用式 $d_内=\sqrt{\dfrac{4V}{\pi u}}$ 计算,求出塔径后要圆整,圆整后再对空塔气速进行校正。

(2) 填料层高度计算:

取塔内微元高度 $\mathrm{d}l$ 对气相作物料衡算:

$$输入-输出=反应传递$$

$$A_t FY_A-A_t F(Y_A+\mathrm{d}Y_A)=\left(-\frac{\mathrm{d}n_A}{\mathrm{d}t}\right)A_t$$

$$-\frac{\mathrm{d}n_A}{\mathrm{d}_t}=-F\mathrm{d}Y_A$$

单位:F:$\mathrm{kmol}/(\mathrm{m}^2\cdot\mathrm{h})$ $\dfrac{\mathrm{d}n_A}{\mathrm{d}t}$:$\mathrm{kmol}/(\mathrm{m}^2\cdot\mathrm{h})$

$$-\frac{\mathrm{d}n_A}{\mathrm{d}t}=k_{GA}S(p_A-p_{Ai})=k_{LA}S\beta(c_{Ai}-c_{AL})$$

$$-\frac{\mathrm{d}n_A}{\mathrm{d}t}=\frac{p_A-H_Ac_{AL}}{\dfrac{1}{k_{GA}}+\dfrac{H_A}{\beta k_{LA}}}S$$

快反应及瞬间反应 $c_{AL}=0$,微元体内的相接触面积近似为填料面积:$S=\dfrac{\pi}{4}d_内^2\sigma\mathrm{d}1$

σ 为填料比表面。

气相中的 A 分压用比摩尔分率表示：$P_A = P_总 \dfrac{Y_A}{1+Y_A}$

代入前式可得：

$$\mathrm{d}1 = \frac{-F}{\frac{\pi}{4}d_内^2\,\sigma P_总}\left(\frac{1}{k_{GA}}+\frac{H_A}{\beta k_{AL}}\right)\frac{1+Y_A}{Y_A}\mathrm{d}Y_A \quad 边界条件：\begin{array}{l}1=0 \quad Y=Y_{A进}\\ 1=H \quad Y=Y_{A进}\end{array}$$

积分上式并视 β 在全塔为常数，得：$H = \dfrac{4F}{\pi d_内^2\,\sigma P_总}\left(\dfrac{1}{k_{GA}}+\dfrac{H_A}{\beta k_{LA}}\right)\left(Y_{A进}-Y_{A出}+\ln\dfrac{Y_{A进}}{Y_{A出}}\right)$

k_{GA}，k_{LA} 有经验公式可算。

气相视为平推流操作。

由于视 $c_{AL}=0$，与液相流型无关。

因为是快速反应，传质阻力主要存在于气膜之中。

填料高度的最直接影响因素为摩尔流量、总压、填料比表面及出入口浓度差。

与物理吸收的差别仅在于 β。如果 $\beta=1$，相当于用大量的液体吸收气相中的 A。

（3）填料层压降的计算。填料层压降，根据填料填充类型采用计算方法不同。散装填料压降可从有关填料手册中的实测数据查取，也可由埃克特通用联图来计算。整装填料可通过关联公式计算，也可查填料手册。

3. 填料塔结构设计

填料塔的结构设计包括塔体设计及塔内件设计两部分。有关填料塔结构设计的方法可参考有关专门书籍。

第三节　气-液相反应器操作

在化工生产过程中，气-液相反应的应用范围非常广泛，如苯的烃化反应（苯和乙烯烃化生产乙苯）、有机物的氯化反应（甲苯氯化反应生成氯化甲苯）、烃的氧化反应（乙醛氧化生产乙酸）等。

一、气-液相反应器的操作

下面以乙醛氧化生产乙酸反应为例介绍气-液相反应器的操作要点。

1. 反应特征

气-液相反应具有下列特征：因为是气-液相反应，氧的传递过程对氧化反应速率起着重要的作用；反应时有大量热量放出；介质往往具有强腐蚀性；因原料、中间产物或产物易与空气或氧形成爆炸混合物，而具有爆炸危险等。故乙醛氧化制醋酸采用的反应器必须是能提供充分的氧接触表面，保证氧气和氧化液的均匀接触；并能够有效地移走反应热;设备材料必须耐腐蚀;并配有安全装置,保证安全、防爆。乙醛氧化制醋酸可采用全返混型反应器,工业上常用的是连续鼓泡塔式反应器,气体分布装置一般采用多孔分布板或多孔管。去除反应热的方式可以在反应器内设置冷却盘管或采用外循环冷却器。

2. 氧化反应的工艺过程

该工艺过程采用外冷却式氧化塔。原料乙醛及醋酸锰溶液在氧化塔上部连续定量地加入,氧气分别从塔的上、中、下部三处通入。乙醛与氧气在催化剂的作用下,于 348 K 及塔顶压力为 1.5×10^5 Pa(表压)的条件下,反应生成醋酸。氧化反应所放出的热量,由循环泵将氧化液自塔底抽出,经冷却器中的循环冷却水带走。降温后的氧化液再回入氧化塔。

反应产物由塔顶溢出,送去精制。塔顶连续通入保护氮气,降低乙醛与氧气在气相中的浓度,以防止气相反应和爆炸。尾气由塔顶排出,经冷凝后,凝液进入氧化液中间槽,用水吸收未凝气体中未反应的乙醛,然后放空。

自氧化塔溢流出来的氧化液经预热后进入蒸发器。蒸发器的作用主要是除去一些不挥发的物质,如催化剂及多聚物。蒸发器的另一作用是使醋酸汽化。在蒸发器上部装有除液滴筛板,并用少量醋酸自塔顶喷淋洗涤,除去蒸发气体中夹带的醋酸锰、多聚物等杂质,以避免阻塞塔顶的蒸气管道。顶部出来的蒸气进入分离回收系统。底部残留的不挥发杂质送去回收醋酸及醋酸锰。

分离回收系统主要包括低沸塔、高沸塔、醋酸甲酯塔和乙醛塔。低沸塔的作用是除去沸点低于醋酸的一些低沸物,如乙醛、醋酸甲酯、甲酸、水等。乙醛塔主要是处理低沸塔塔顶蒸出的低沸物,它的作用是回收未参加反应的部分乙醛。在乙醛塔顶蒸出合格的乙醛,塔釜液用泵送入醋酸甲酯塔。醋酸甲酯塔的主要作用是使醋酸甲酯与甲酸、醋酸分离。高沸塔的主要作用是将醋酸中的高沸物分离出来。塔顶为除去高沸物杂质后的醋酸,经冷凝冷却后,部分送入塔顶回流,其余则为成品醋酸。塔釜液内含有部分醋酸,与蒸发器釜液合并,然后送去回收醋酸。

3. 操作控制

(1) 反应温度。在反应温度较低、氧分压较高的情况下,烃类和其他有机物的液相催化自氧化的速率,是由动力学控制。在完全由动力学控制的条件下操作,如有引起反应温度降低的失常现象发生,就会使反应速率显著下降,导致放热速率和除热速率失去平衡,温度会继续下降,反应速率继续减慢,反应不能稳定进行。这种效应会像滚雪球那样继续进行下去,直至反应完全停止。

工业上进行气-液相反应,为了反应能稳定地进行,应该保持足够高的反应温度,这样在氧浓度高的区域是动力学控制,而在氧浓度低的区域就转为氧的扩散控制。当在反应器中动力学控制区和扩散控制区并存时,温度有波动,仍能使反应稳定进行。但反应温度也不宜过高,因为反应温度过高会使反应选择性降低,低碳原子副产物增多,尾气中二氧化碳含量增高,甚至使反应失控,最终可能造成爆炸。

温度在乙醛氧化过程中是一个非常重要的因素。升高温度对乙醛氧化成过氧醋酸及过氧醋酸的分解这两个反应都有利，特别是对过氧醋酸的分解反应更为有利。但温度不宜过高，过高的温度会使副反应加剧，同时为使乙醛保持液相，必须提高系统压力，否则在氧化塔顶部空间乙醛与氧的浓度会增加，增加了爆炸的危险性。因此，温度不宜过高。但温度亦不能过低，温度过低会产生过氧醋酸的积聚，当温度升高时，过氧醋酸就将剧烈分解而引起爆炸。此外，温度低反应速率也低。正常情况下温度控制在 328～358 K。

（2）反应压力。从氧化反应方程式：$2CH_3CHO + O_2 \longrightarrow 2CH_3COOH$ 可以看出：增加压力有利于反应向正方向进行，同时从动力学的角度来说，当反应过渡到扩散控制时，增加空气或氧的压力，对氧的扩散、吸收也是有利的，可以提高反应速率。但同时也应看到，随着压力的增加，设备费用也在增加，故应有一适宜的操作压力。因此实际生产中压力控制在 1.5×10^5 Pa（表压）左右。压力对氧化反应选择性也可能有影响。

（3）氧化气空速。

$$氧化空速 = \frac{空气或氧的流量}{反应器中液体的滞留量}$$

气-液相反应，反应往往是在气-液相接触界面附近进行，空速大，有利于气-液相接触，能加速氧的吸收。但空速太大，气体在反应器内停留时间太短，氧的吸收不完全，使尾气中氧的浓度增高，氧的利用率降低，不仅不经济，而且也不安全。因尾气中氧含量达到爆炸极限浓度范围内时，遇火花或受到冲击波就会引起爆炸，故在实际生产中，空气或氧的空速是受尾气中氧含量的控制，工业生产中一般尾气中氧含量控制在 2％～6％，以 3％～5％为宜。为防止尾气中氧含量超标，一般在反应过程中在氧化塔塔顶连续通入保护氮气，用来降低乙醛与氧气在气相中的浓度，以防止发生气相中乙醛与氧气反应，导致发生爆炸。

二、气-液相反应器的实训操作

1. 装置简介

本装置为塔式鼓泡反应器和玻璃精馏塔组成一套完整的苯甲酸制备实训装置，塔式设备广泛用于气-液相反应或气-液固相反应。它是一个非均相反应过程，气体可为一种或多种类型，而液体可以为反应物或催化剂，其反应速度决定化学反应速度和两界面上组分分子扩散速度，充分接触是加快反应的必要条件，实验室常用该反应器做有机化合物氧化，如烷烃氧化制有机酸、对二甲苯氧化生成对苯二甲酸、环己烷氧化生成环己醇和环己酮、乙醛氧化制乙酸、乙烯氧化制乙醛、苯氯化制氯苯、甲苯氯化制氯甲苯、乙烯氯化制氯乙烯、烯烃加氢、脂肪酯加氢等。此外，还可进行 SO_3、NO_2、CO_2、H_2S 的吸收反应、生化反应、污水处理等。

鼓泡塔式氧化反应器具有如下特点：

① 进气能以小气泡形式分布，可连续不断进入保证气-液接触反应效果良好；

② 反应器结构简单，容易稳定操作；

③ 有较高的传质、传热效率,适于慢反应和强放热反应;

④ 换热件安装方便,可处理悬浮液体,塔内可添加构件。

该装置采用精馏塔分离的主要原因是:

① 从苯甲酸与甲苯混合液中分离回收甲苯;

② 从粗苯甲酸溶液中提纯苯甲酸。同时,反应装置中还采用了分相器。因为氧化反应会产生一些水,水会影响甲苯转化,故必须排水,而在排水过程甲苯也会随着水排出,采用分相器可使甲苯与水分离。

(1) 技术指标。最高操作压力 0.6 MPa,使用温度 170 ℃。

甲苯氧化反应器,下段 $\phi 57 \times 4$ mm,高度 440 mm,外加套 76 mm,内插加热管 $\phi 10 \times 1.5$ mm;上段 $\phi 89 \times 4$ mm,外夹套 108 mm,高度 150 mm。气体分布器开孔率 10%。

转子流量计:N_2 0.1～10 L/min,O_2 0.2～20 L/min。

热液体循环齿轮泵:30 L/h。

无油空压机:1000 L/h。

导热油加热器:25～150 ℃。

甲苯加料电磁泵:0.79 L/h。

精馏塔:塔釜 1 L;电热包的加热功率为 400 W;精馏塔直径 20 mm;塔高 1400 mm;塔外壁有两段透明膜导电加热保温,功率 200 W。

摆锤式内回流塔头,回流比控制;1～99 秒内自动控制。

(2) 操作说明。

① 准备工作

a. 将液体甲苯注入储罐内,并接好进气管线 N_2 与空气,将气体、液体出口阀门关死,通入 N_2 或空气在 0.6 MPa 下试漏,十分钟内压力不变为合格,可以进料,并通入气体鼓泡,当液体加至在溢流口内有流出时,可加入催化剂,同时将恒温油浴升温至所需温度,可进行间歇反应。

b. 操作时将循环泵开动起来,调节变频调速装置,使循环量达到所需要求。连续进出物料和产品时,反应须用泵进料,气体流量控制在 20 ml/min 左右,液体加料要根据选定的停留时间而定,高转化需低进料速度,但选择性要降低些;高液空速加料会使转化率下降,但选择性能够提高。

② 实验中要不断在溢流口调节阀门的开度,以排除反应后的液体,可保持鼓泡器内液位稳定。反应压力一旦确定,就不要随意改变系统压力,压力变化会造成排料数据不能稳定。一般来说:在一开始就调节好进气压力和出气压力,此后只能为微调动各阀门,不应该大起大落的调节。

③ 当试验完成后继续通气反应一定时间,最后通 N_2 清扫,并放出所有反应液,用清水充满鼓泡器,清洗干净,以防腐蚀生锈。

④ 实验中应注意安全问题、避免空气与原料气浓度进入爆炸极限内,时刻用 N_2 进行调整。

⑤ 当反应产物有一定数量时,可开启精馏塔。渐渐升温使塔顶温度达到 110 ℃。收集甲苯原料,塔底产物用重结晶的方法处理得到纯苯甲酸。或者用多次累积量再精馏,控制塔底温度 190 ℃,塔顶温度 160 ℃,馏出物为苯甲酸纯品。

⑥ 停车操作:当反应结束后停止加料(液体),停止加热,关闭电源。电源关闭后要继续通气,待温度降至 50 ℃以下可关闭气体(具体视催化剂的要求而定)。

精馏设备可用甲苯洗涤。塔底产物为催化剂与碳化物用其他溶剂稀释做废物处理。

(3) 故障处理:

① 开启电源开关指示灯不亮,并且没有交流接触器吸合声,说明保险坏或电源线没有接好。

② 开启仪表各开关时指示灯不亮,并且没有继电器吸合声,说明分保险坏或接线有脱落的地方。

③ 开启电源开关有强烈的交流震动声,则是接触器接触不良,应反复按动开关消除。

④ 仪表正常但仪表没有指示,可能保险坏或固态变压器或固态继电器发生问题。

⑤ 控温仪表、显示仪表出现四位数字,说明热电偶有断路现象。

⑥ 反应系统压力突然下降,则说明反应系统存在大泄露点,应停车检查。

⑦ 电路时通时断,有接触不良的地方。

⑧ 压力不断增高,而尾气流量不变或减少,说明系统有堵塞的地方,应停车检查。

2. 实训项目:甲苯氧化生产苯甲酸

苯甲酸别名安息香酸,分子式:$C_7H_6O_2$,分子量:122,熔点:122.4 ℃,沸点:249 ℃,密度 1.2659 g/cm^3,溶解性:油溶性,白色单斜晶系片状或针状结晶体,略带安息香或苯甲醛气味。在 100 ℃时迅速升华,它的蒸气有很强的刺激性,吸入后易引起咳嗽。苯甲酸是弱酸,比脂肪酸强。它们的化学性质相似,都能形成盐、酯、酰卤、酰胺、酸酐等,都不易被氧化。苯甲酸的苯环上可发生亲电取代反应,主要得到间位取代产物。苯甲酸在常温下微溶于水、石油醚,但溶于热水,水溶液呈酸性;易溶于醇、氯仿、醚、丙酮,溶于苯、二硫化碳、松节油、乙醚等有机溶剂,也溶于非挥发性油。在空气(特别是热空气)中微挥发,有吸湿性,大约常温下 0.34 g/100mL。对微生物有强烈毒性,但对人体毒害不明显。最初苯甲酸是由安息香胶干馏或碱水水解制得,也可由马尿酸水解制得。工业上苯甲酸是在钴、锰等催化剂存在下用空气氧化甲苯制得,或由邻苯二甲酸酐水解脱羧制得。苯甲酸及其钠盐可用作乳胶、牙膏、果酱或其他食品的抑菌剂和防腐剂,也可作染色和印色的媒染剂。

(1) 实训原理:

反应原理

$$\text{(CH}_3\text{)} + \frac{3}{2}O_2 \longrightarrow \text{(COOH)} + H_2O$$

催化剂:环烷酸钴　　助催化剂:溴化物(四溴乙烷)

原料:甲苯(纯度 99.8%),空气;

反应条件:压力 0.2～0.6 MPa;

温度:165±5 ℃;

反应时间:8～12 小时(间歇反应),甲苯转化率在 25% 左右;

催化剂配比:0.71% 主催化剂,0.46% 助催化剂,甲苯与催化剂比例为 200:1。

(2) 工艺流程:见图 5-12。

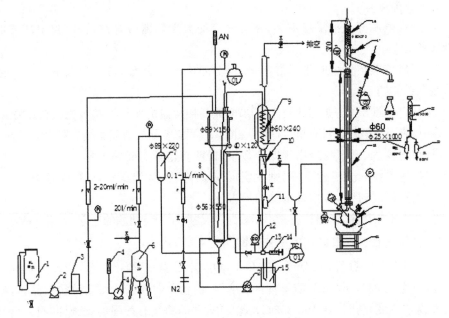

1—原料罐;2—缓冲罐;3—电磁泵;4—过滤器;5—空压机;6—缓冲罐;7—小缓冲器;

8—鼓泡塔;9—冷凝器;10—油水分相气;11—水收集器;12—齿轮泵;13—取样器;

14—注射器;15—加热油浴;16—玻璃塔头;17—电磁线圈;18—精馏塔;19—塔釜;

20—加热包;21—升降台;22—冷却分相器;23—收集罐

图 5-12　苯甲酸制备装置流程图

(3) 实训步骤。甲苯氧化生产苯甲酸装置可以采取两种操作方式:间歇操作和连续操作。若采用连续操作方式生产,操作步骤同装置简介中的 2。若采用间歇操作,则可按下述步骤操作。

① 量取 300 mL 甲苯和一定比例的催化剂环烷酸钴、溴化物及苯甲醛,依次加入反应器内。

② 打开冷凝管冷却水,使反应器升温。当温度升到 100 ℃时,充压到预定压力。

③ 当反应釜内液相温度达到预定引发温度时,开始通空气,氧化反应开始,反应 8～12 小时结束,其间有甲苯和水被带出,故反应中要补充一部分甲苯。停止加热后,缓慢泄压到大气压.温度降到 110 ℃时放料。

④ 粗产物有两种处理方式:

a. 冷却至室温,有结晶析出,分离后用有机溶剂进行再结晶,称量,计算收率,通过色谱分析得出反应物组成,计算甲苯转化率。

　　b. 将粗产物倒入玻璃精馏塔釜内,开启精馏设备,使甲苯与水在塔顶蒸出,釜内留下粗苯甲酸,该物可以继续精馏,可在塔顶得到苯甲醛,最后得到苯甲酸,但此方法操作比较麻烦,必须有大量的粗苯甲酸产物,故可采用重结晶的方法得到精品。本实验的精馏装置有这种功能,但不推荐在此使用。有时脱甲苯也采用真空精馏的办法,但本实验未采用。

　　(4) 产品分析:

　　分析条件:热导检测器,H_2 30 ml/min,OV-101 填充柱。

　　使用:柱温 210 ℃,汽化 230 ℃,检测器 200 ℃,进样量 0.8~1 μL。

　　(5) 实验数据处理:

　　① 实验数据记录:

组分	甲苯	催化剂	空气	反应混合物
体积 mL				

　　② 实验数据处理:

苯甲酸的转化率 X:　$X = \dfrac{\text{参加反应的苯甲酸量}}{\text{加入反应器的苯甲酸量}}$

苯甲酸收率 Y:　$Y = \dfrac{\text{苯甲酸的实际产量}}{\text{苯甲酸的理论产量}}$

反应的选择性 S:　$S = \dfrac{\text{苯甲酸收率}}{\text{甲苯转化率}}$

　　③ 结果分析与讨论:

　　(6) 思考题:

　　① 甲苯氧化生产苯甲酸装置连续操作与间歇操作有何不同?

　　② 相分离器用于何处,作用有哪些?

　　③ 实训装置和工业生产装置有哪些主要区别?

　　④ 甲苯氧化生产苯甲酸生产中工艺条件如何确定?

　　⑤ 本装置还能进行哪些实训项目的训练?

三、气-液相反应器仿真操作

　　本培训单元以乙醛氧化生产醋酸的氧化反应工段为例来说明气-液相反应器仿真的操作。

(一) 训练目的

　　(1)熟练掌握气-液相反应器反应器的开车、停车操作;

　　(2)能够对操作过程中出现的异常事故进行处理。

(二) 生产原理

　　乙酸又名醋酸,英文名称为 acetic acid,是具有刺激气味的无色透明液体,无水乙酸在低温时凝固成冰状,俗称冰醋酸。在 16.7 ℃以下时,纯乙酸呈无色结晶,其沸点是 118 ℃。乙酸蒸气刺激呼吸道及黏膜(特别是对眼睛的黏膜),浓乙酸可灼烧皮肤。乙酸的生产方法有很多种,应用最广的是乙醛氧化法制备乙酸。下面主要介绍乙醛氧化法制备乙酸的原理是乙醛首先与空气或氧气氧化成过氧醋酸,而过氧醋酸很不稳定,在醋酸锰的催化下发生分解,同时使另一分子的乙醛氧化,生成二分子乙酸。氧化反应是放热反应。

$$CH_3CHO+O_2 \longrightarrow CH_3COOOH$$
$$CH_3COOOH+CH_3CHO \longrightarrow 2CH_3COOH$$

在氧化塔内,还会发生一系列的氧化反应,主要副产物有甲酸、甲酯、二氧化碳、水、醋酸甲酯等。

乙醛氧化制醋酸的反应机理一般认为可以用自由基的链接反应机理来进行解释,常温下乙醛就可以自动地以很慢的速度吸收空气中的氧而被氧化生成过氧醋酸。过氧醋酸以很慢的速度分解生成自由基。自由基 CH_3COO 引发一系列的反应,生成醋酸。但过氧醋酸是一个极不稳定的化合物,积累到一定程度就会分解而引起爆炸。因此,该反应必须在催化剂存在下才能顺利进行。催化剂的作用是将乙醛氧化时生成的过氧醋酸及时分解成醋酸,而防止过氧醋酸的积累、分解和爆炸。

(三)氧化工段工艺流程

乙醛氧化法生产乙酸的反应工段流程总图见图 5-13,其中图 5-13(a)为第一氧化塔 DCS 图,图 5-13(b)为第二氧化塔 DCS 图,图 5-13(c)为尾气洗涤塔和中间贮罐 DCS 图。

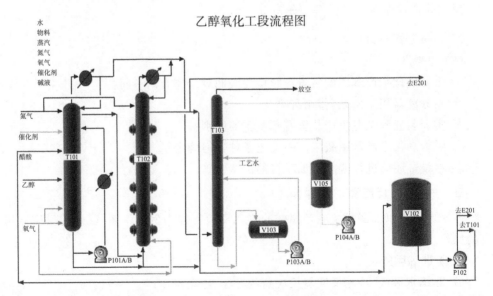

图 5-13 乙醛氧化工段流程图

乙醛氧化制醋酸装置系统采用双塔串联氧化流程,主要设备有第一氧化塔 T101、第二氧化塔 T102、尾气洗涤塔 T103、氧化液中间贮罐 V102、碱液贮罐 V105。其中 T101 是外冷式反应塔,反应液由循环泵从塔底抽出,进入换热器中以水带走反应热,降温后的反应液再由反应器的中上部返回塔内;T102 是内冷式反应塔,它是在反应塔内安装多层冷却盘管,管内以循环水冷却。

第一氧化塔 DCS 图

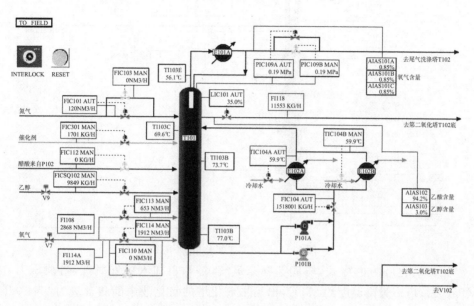

图 5-13(a)　第一氧化塔 DCS 图

乙醛和氧气首先在全返混型的反应器第一氧化塔 T101 中反应(催化剂溶液直接进入 T101 内),然后到第二氧化塔 T102 中,通过向 T102 中加氧气,进一步进行氧化反应(不再加催化剂)。第一氧化塔 T101 的反应热由外冷却器 E102A/B 移走,第二氧化塔 T102 的反应热由内冷却器移除,反应系统生成的粗醋酸送往蒸馏回收系统,制取醋酸成品。

乙醛和氧气按配比流量进入第一氧化塔 T101,氧气分两个入口入塔,上口和下口通氧量比约为 1:2,氮气通入塔顶气相部分,以稀释气相中的氧和乙醛。乙醛与催化剂全部进入第一氧化塔,第二氧化塔不再补充。氧化反应的反应热由氧化液冷却器 E102A/B 移去,氧化液从塔下部用循环泵 P101A/B 抽出,经过冷却器 E102A/B 循环回塔中,循环比(循环量:出料量)约 110～140:1。冷却器出口氧化液温度为 60 ℃,塔中最高温度为 75～78 ℃,塔顶气相压力 0.2 Mpa(表),出第一氧化塔的氧化液中醋酸浓度在 92～95%,从塔上部溢流去第二氧化塔 T102。

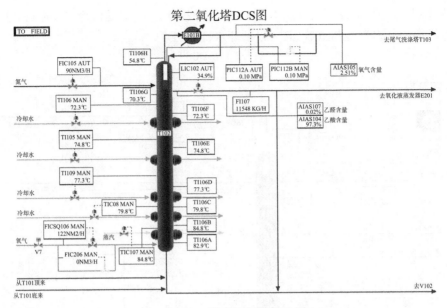

图 5-13(b)　第二氧化塔 DCS 图

　　第二氧化塔为内冷式,塔底部补充氧气,塔顶也加入保安氮气,塔顶压力 0.1 MPa(表),塔中最高温度约 85 ℃,出第二氧化塔的氧化液中醋酸含量为 97～98%。出氧化塔的氧化液一般直接去蒸馏系统,也可以放到氧化液中间贮罐 V102 暂存。中间贮罐的作用是:正常操作情况下作氧化液缓冲罐,停车或事故时存氧化液,醋酸成品不合格需要重新蒸馏时,由成品泵 P402 送来中间贮存,然后用泵 P102 送蒸馏系统回收。

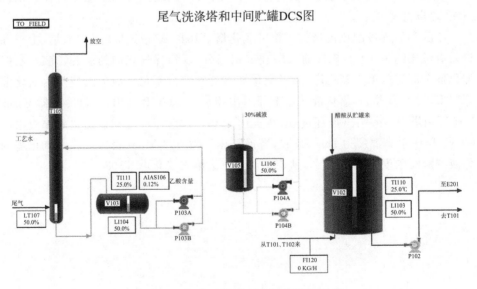

图 5-13(c)　尾气洗涤塔和中间贮罐 DCS 图

　　两台氧化塔的尾气分别经循环水冷却的冷却器 E101 中冷却,凝液主要是醋酸,带少量乙醛,回到塔顶,尾气最后经过尾气洗涤塔 T103 吸收残余乙醛和醋酸后放空,洗涤塔采用下部为新鲜工艺水,上部为碱液,分别用泵 P103、P104 循环。洗涤液温度常温,洗涤液含醋酸达到一定浓度后(70%~80%),送往精馏系统回收醋酸,碱洗段定期排放至中和池。

(四) 操作规程

1. 冷态开车

(1) 开工应具备的条件:

① 检修过的设备和新增的管线,必须经过吹扫、气密、试压、置换合格(若是氧气系统,还要脱酯处理)。

② 电气、仪表、计算机、联锁、报警系统全部调试完毕,调校合格、准确好用。

③ 机电、仪表、计算机、化验分析具备开工条件,值班人员在岗。

④ 备有足够的开工用原料和催化剂。

(2) 引公用工程、N_2 吹扫、置换气密、系统水运试车(以上操作在仿真操作过程不做,但实际开车过程中必须要做)。

(3) 酸洗反应系统:

① 首先将尾气吸收塔 T103 的放空阀 V45 打开;从罐区 V402(开阀 V57)将酸送入 V102 中,而后由泵 P102 向第一氧化塔 T101 进酸,T101 见液位(约为 2%)后停泵 P102,停止进酸。

② 开氧化液循环泵 P101,循环清洗 T101。

③ 用 N_2 将 T101 中的酸经塔底压送至第二氧化塔 T102,T102 见液位后关来料阀停止进酸。

④ 将 T101 和 T102 中的酸全部退料到 V102 中,供精馏开车。

⑤ 重新由 V102 向 T101 进酸,T101 液位达 30% 后向 T102 进料,精馏系统正常出料。

(4) 建立全系统大循环和精馏系统闭路循环:

① 氧化系统酸洗合格后,要进行全系统大循环:

$$V402 \longrightarrow T101 \longrightarrow T102 \longrightarrow E201 \longrightarrow T201$$
$$T202 \longrightarrow T203 \longrightarrow V209$$
$$E206 \longrightarrow V204 \longrightarrow V402$$

② 在氧化塔配制氧化液和开车时,精馏系统需闭路循环。脱水塔 T203 全回流操作,成品醋酸泵 P204 向成品醋酸储罐 V402 出料,P402 将 V402 中的酸送到氧化液中间罐 V102,由氧化液输送泵 P102 送往氧化液蒸发器 E201 构成下列循环(属另一工段):

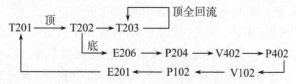

等待氧化开车正常后逐渐向外出料。

(5) 第一氧化塔配制氧化液。向 T101 中加醋酸,见液位后(LIC101 约为 30%),停止向 T101 进酸。向其中加入少量醛和催化剂,同时打开泵 P101A/B 打循环,开 E102A 通蒸汽为氧化液循环液通蒸汽加热,循环流量保持在 700 000 kg/h(通氧前),氧化液温度保持在 70~76 ℃,直到使浓度符合要求(醛含量约为 7.5%)。

(6) 第一氧化塔投氧开车:

① 开车前联锁投入自动。

② 投氧前氧化液温度保持在 70~76 ℃,氧化液循环量 FIC104 控制在 700 000 kg/h。

③ 控制 FIC101 N_2 流量为 120 m^3/h。

④ 按如下方式通氧:

用 FIC110 小投氧阀进行初始投氧,氧量小于 100 m^3/h 开始投。当 FIC-110 小调节阀投氧量达到 320 m^3/h 时,启动 FIC-114 调节阀,在 FIC-114 增大投氧量的同时减小 FIC-110 小调节阀投氧量直到关闭。FIC-114 投氧量达到 1 000 m^3/h 后,可开启 FIC-113 上部通氧,FIC-113 与 FIC-114 的投氧比为 1:2。

操作时注意:

a. LIC101 液位上涨情况;尾气含氧量 AIAS101 三块表是否上升;同时要随时注意塔底液相温度、尾气温度和塔顶压力等工艺参数的变化。

b. 原则上要求:当投氧量在 0~400 m^3/h 之内,投氧要慢。如果吸收状态好,要多次小量增加氧量。当投氧量在 400~1 000 m^3/h 之内,如果反应状态好要加大投氧幅度,特别注意尾气的变化及时加大 N_2 量。

c. 当 T101 塔液位过高时要及时向 T102 塔出料。当投氧到 400 m^3/h 时,将循环量逐渐加大到 850 000 kg/h;当投氧到 1 000 m^3/h 时,将循环量加大到 1 000 m^3/h。循环量要根据投氧量和反应状态的好坏逐渐加大。同时根据投氧量和酸的浓度适当调节醛和催化剂的投料量。

d. 操作时要注意温度的调节。当 T101 塔顶 N_2 达到 120 m^3/h,氧化液循环量 FIC104 调节为 500 000~700 000 m^3/h,塔顶 PIC109A/B 控制为正常值 0.2 Mpa 时,投用氧化液冷却器 E102A,使氧化液温度稳定在 70~76 ℃。待液相温度上升至 84 ℃时,关闭 E102A 加热蒸汽。当反应状态稳定或液相温度达到 90 ℃时,关闭蒸汽,开始投冷却水。开 TIC104A,注意开水速度应缓慢,注意观察气-液相温度的变化趋势,当温度稳定后再提投氧量。投水要根据塔内温度勤调,不可忽大忽小。

(7) 第二氧化塔投氧:

① 待 T102 塔见液位后,向塔底冷却器内通蒸汽保持氧化液温度在 80 ℃,控制液位 35±5%,并向蒸馏系统出料。取 T102 塔氧化液分析。

② T102 塔顶压力 PIC112 控制在 0.1 Mpa,塔顶氮气 FIC105 保持在 90 m^3/h。由 T102 塔底部进氧口,以最小的通氧量投氧,注意尾气含氧量。在各项指标不超标的情况下,通氧量逐渐加大到正常值。当氧化液温度升高时,表示反应在进行。停

蒸汽开冷却水 TIC105、TIC106、TIC108、TIC109 使操作逐步稳定。

（8）吸收塔投用：

① 打开 V49，向塔中加工艺水湿塔。

② 开阀 V50，向 V105 中备工艺水。

③ 开阀 V48，向 V103 中备料（碱液）。

④ 在氧化塔投氧前开 P103A/B 向 T103 中投用工艺水。

⑤ 投氧后开 P104A/B 向 T103 中投用吸收碱液。

⑥ 如工艺水中醋酸含量达到 80％时，开阀 V51 向精馏系统排放工艺水。

（9）氧化塔出料：

当氧化液符合要求时，开 LIC102 和阀 V44 向氧化液蒸发器 E201 出料。用 LIC102 控制出料量。

2. 正常工艺过程控制

熟悉工艺流程，维护各工艺参数稳定；密切注意各工艺参数的变化情况，发现突发事故时，应先分析事故原因，并做及时正确的处理。

（1）第一氧化塔（T101）：

塔顶压力 0.18～0.2 MPa（表），由 PIC109A/B 控制。

循环比（循环量与出料量之比）为 110～140 之间，由循环泵进出口跨线截止阀控制，由 FIC104 控制，液位 35±15％，由 LIC101 控制。

进醛量满负荷为 9.86 吨乙醛/小时，由 FICSQ102 控制，根据经验最低投料负荷为 66％，一般不许低于 60％负荷，投氧不许低于 1500 m^3/h。

满负荷进氧量设计为 2871 m^3/h 由 FI108 来计量。进氧、进醛配比为氧：醛＝0.35～0.4(wt)，根据分析氧化液中含醛量，对氧配比进行调节。氧化液中含醛量一般控制为 3～4×10^{-2}(wt)。

上下进氧口进氧的配比约为 1:2。塔顶气相温度控制与上部液相温差大于 13 ℃，主要由充氮量控制。塔顶气相中的含氧量＜5×10^{-2}（＜5％），主要由充氮量控制。塔顶充氮量根据经验一般不小于 80 m^3/h，由 FIC101 调节阀控制。循环液（氧化液）出口温度 TI103 为 60±2℃，由 TIC104 控制 E102 的冷却水量来控制。塔底液相温度 TI103A 为 77±1℃，由氧化液循环量和循环液温度来控制。

（2）第二氧化塔（T102）：

塔顶压力为 0.1±0.02 MPa，由 PIC112A/B 控制；液位 35±15％，由 LIC102 控制；进氧量 0～160 m^3/h，由 FICSQ106 控制，根据氧化液含醛来调节；氧化液含醛为 0.3×10^{-2} 以下；塔顶尾气含氧量＜5％，主要由充氮量来控制；塔顶气相温度 TI106 控制与上部液相温差大于 15 ℃，主要由氮气量来控制；塔中液相温度主要由各节换热器的冷却水量来控制；塔顶 N_2 流量根据经验一般不小于 60 m^3/h 为好，由 FIC105 控制。

（3）洗涤液罐：

V103 液位控制 0～80％，含酸大于 70～80×10^{-2} 就送往蒸馏系统处理。送完后,加盐水至液位 35%。

3. 正常停车

(1) 将 FIC102 切至手动,关闭 FIC102,停醛。

(2) 将 FIC114 逐步将进氧量下调至 1 000 m³/H。注意观察反应状况,当第一氧化塔 T101 中醛的含量降至 0.1 以下时,立即关闭 FIC114、FICSQ106,关闭 T101、T102 进氧阀。

(3) 开启 T101、T102 塔底排,逐步退料到 V102 罐中,送精馏处理。停 P101 泵,将氧化系统退空。

事故处理:

原因	现象	处理方法
循环泵坏球罐压力波动	T101 液面波动	开启 T101 的循环泵 P101B;关闭泵 P101A,调节液位至正常值
冷却水调节阀坏	T101 温度波动	开启 T101 的换热器 E102B 的调节阀 TIC104B,同时关闭 T101 的换热器 E102A 的调节阀 TIC104A,调节温度至正常值
进料球罐中乙醛物料用完	T101 塔进醛流量波动,不稳定	① 将 INTERLOCK 打向 BP; ② 将 T101 的进醛控制阀关闭,停止进醛。并关闭 T101 的进催化剂控制阀 FIC301; ③ 当 T101 中醛的含量 AIAS103 降至 0.1% 以下时,关闭进氧阀 FIC114、FIC113 及 T102 的进氧阀 FICSQ106。同时 T102 的蒸汽控制阀 TIC107 和 V65; ④ 醛被氧化完后,打开阀门 V16、V33、V59 逐步退料到 V102 中; ⑤ 停 T101 塔的循环操作并关闭换热器 E102 的冷却水控制阀 TIC104A; ⑥ 退料结束后,关闭 T102 的冷却水控制阀 TIC105~108 和 V61~V64; ⑦ 关闭 T101、T102 的进氮气阀 FIC101 和 FIC105
催化剂的量不够催化剂的质量下降	T101 塔顶尾气中醛含量高	开大第一氧化塔 T101 的进催化剂控制阀 FIC301,使其开度大于 70%,增加催化剂的用量;或补充新鲜的催化剂
塔顶放空阀调节失控	T101 塔顶压力升高	打开 T101 的塔顶压力控制阀 PIC109B。关闭 PIC109A,用 PIC109B 调节压力。在保证尾气中氧含量的同时,可以减小氮气的进料量
进料中乙醛和氧气的配比不合适	T101、T102 尾气中含氧高	开大乙醛进料阀 FICSQ102,调节进料配比; 开大催化剂进料阀 FIC301 增加催化剂的用量

分析与思考

1. 如何操作避免氧化塔尾气中氧含量超标。

2. 总结操作中如何控制乙醛和氧气的配比。

3. T101 塔和 T102 塔的换热方式有何不同。

4. 操作中 T101 塔和 T102 塔的液位如何控制。

自测练习

填空题

1. 双膜模型假设在气－液两相的相界面处存在着_____流动的气膜和液膜，而假定气相主体和液相主体内组成_____，不存在着传质阻力。

2. 当气-液相反应用于化学吸收时，主要目的是为了提高_____，因而应选择_____反应器。

3. 在鼓泡塔内的流体流动中，一般认为_____为连续相，_____为分散相。

4. 鼓泡塔反应器分离空间的作用是_____，它是靠_____实现分离的。

5. 鼓泡塔中当空塔气速较低时，气泡是通过_____方式形成的，空塔气速较低高，气泡是通过_____方式形成的。

判断题

1. 喷雾反应器适用于气-液瞬间快速反应。 （ ）

2. 鼓泡塔反应器的特点是结构简单，存液量大，适用于动力学控制的气-液相反应。 （ ）

3. 鼓泡塔反应器内的气含率大小与塔径的大小有关。塔径越大，气含率越小；

塔径越下,气含率越大。　　　　　　　　　　　　　　　　　　　　　（　　）

4. 在气-液相反应过程中,化学反应即可以在气相中进行,也可在液相中进行。
　　　　　　　　　　　　　　　　　　　　　　　　　　　　　　　（　　）

5. 中速反应是指反应不仅发生在液膜区,并在主体相中也存在化学反应的反应
过程。　　　　　　　　　　　　　　　　　　　　　　　　　　　　　（　　）

思考题

1. 简述气-液相反应器的设计所包含的内容。

2. 分析选择气-液相反应器型式时应考虑的因素。

3. 鼓泡塔反应器有哪些传热方式,如何选择。

4. 试述气泡在鼓泡塔反应器中所起的作用。

5. 鼓泡塔内气体的阻力由哪几部分构成。压降如何计算。

计算题

1. 在鼓泡塔内进行乙烯和苯的烃化反应。已知该塔的生产能力为 200 kg/m^3
时,要求乙苯产品的纯度为 99%,分离过程中乙苯的损失为产品量的 5%。试求年产
10 000 吨乙苯时该鼓泡塔的塔高和塔径。

2. 乙醛氧化生产醋酸的反应在一鼓泡塔内进行。已知该塔的生产能力为 200 kg/m³·h。静液层的高度为 12 m,设备安全系数为 1.1。每小时生产醋酸为 2012 kg。分离空间的高度是反应器直径的 5 倍,采用椭圆形封头。确定反应器的总高度。

3. 年产 2 万吨异丙苯的鼓泡塔反应器中,已知反应器的直径为 1 m,产品异丙苯的空时收率为 180 kg/m³·h,年生产时间为 8000 h,床层气含率为 0.34。试计算该反应器的体积。

4. 乙烯氧化生产乙醛 $C_2H_4 + \frac{1}{2}O_2 \longrightarrow CH_3CHO$ 在一气升管式鼓泡塔反应器内进行。工艺数据如下:进料配比:$C_2H_4 : O_2 : (CO_2 + N_2) = 65 : 17 : 18$(mol);乙醛的空时收率为 0.15 kg/L·h,乙烯的单程转化率 35%,每吨产品单耗乙烯 700 kg 氧 280 N·m³;反应温度 398 K,塔顶表压 294 kPa;气含率 0.3417。用经验法确定当每小时生产 85 kmol 乙醛时反应器的工艺尺寸。

5. 某鼓泡塔的操作条件如下:气-液采用并联操作,其中空塔气速 $u_{0G} = 0.715$ m/s,空塔液速 $u_{0L} = 0.43$ m/s;物性数据:液相黏度 $\mu_L = 2.96 \times 10^{-4}$ Pa·s、气相黏度 $\mu_G = 0.013 \times 10^{-3}$ Pa·s、液相表面张力 $\sigma_L = 80 \times 10^{-3}$ kg/s、液相密度 $\rho_L = 1\,120$ kg/m³。假设气泡的自由浮升速度 $u_t = 0.25$ m/s。试气该反应器内流体的气含率。

附 录

A_t—鼓泡塔反应器的截面积,m^2

B_O—邦德数,$B_O = \dfrac{gD^2\rho_L}{\sigma_L}$

C^2—分布器小孔阻力系数

D—鼓泡塔反应器床层子直径,m

D_{GA}—A 组分在气体中分子扩散系数,$mol/(s \cdot m \cdot Pa)$

D_{LA}—A 组分在液体中分子扩散系数,m^2/s

Fr—费鲁德数 $Fr = \dfrac{u_{OG}}{\sqrt{gD}}$

G—气体的空塔摩尔流速,$mol/(m^2 \cdot s)$

Ga—伽利略数 $Ga = \dfrac{gD^3\rho_L^2}{\mu_L^2}$

G_M—气体质量流速,$mol/(m^2 \cdot s)$

G_L—液体质量流速,$mol/(m^2 \cdot s)$

H_E—分离空间高度,m

H_{GL}—充气-液层的高度,m

H_L—静液层高度,m

$\overline{M}$—气体的平均摩尔质量,$kg/kmol$

N_A—扩散速率,$kmol/(m^2 \cdot s)$

p—操作系统总压,Pa

Re_b—气泡雷诺数 $Re_b = \dfrac{d_b u_{OG}\rho_L}{\mu_L}$

S_{CL}—液体施密特数 $S_{CL} = \dfrac{\mu_L}{\rho_L D_{LA}}$

V_C—顶盖死区体积,m^3

V_G—充气-液层中的气体所占体积,m^3

V_E—分离空间体积,m^3

V_{GL}—气-液混合物体积,m^3

V_L—液体体积,m^3

V_{0L}—原料的体积流量

a—传质比表面积,m^2/m^3

c_{Ai}—液相界面处组分 A 的浓度,$kmol/m^3$

c_{AL}—液相主体中组分 A 的浓度,$kmol/m^3$

c_p—液相比热容，$J/(kg \cdot K)$

d_vs—当量比表面平均直径，m

d_b—单个球形气泡直径，m

d_0—分布器喷孔直径，m

k——一级反应的速率常数，$1/s$

k_{AL}—组分 A 在液膜内的传质系数，m/s

p_A—气相主体中组分 A 的分压，Pa

$(-r_A)$—以单位充气-液层体积为基准的宏观反应速率，$kmol/(m^3$ 催化剂$\cdot h)$

$(-r_A)$—气相组分 A 的反应速率，$kmol/(m^3 \cdot s)$

$(-r_B)$—液相组分 B 的反应速率，$kmol/(m^3 \cdot s)$

S_h—舍伍德数 $S_h = \dfrac{k_{LA}d_b}{D_{LA}}$

u_O—小孔气速，m/s

u_{OG}、u_{OG}—气体和液体空塔气速，m/s

u_S—气泡滑动速度，m/s

u_G、u_L—实际气体、液体的流动速度，m/s

v_G—气体体积流量，m^3/h

α_t—给热系数，$J/(m^2 \cdot s \cdot k)$

β—化学增强系数

γ—膜内转化系数

ε_G—气含率

λ_L—液体导热系数，$J/(m^2 \cdot s \cdot k)$

μ_G—气体黏度，$Pa \cdot s$

μ_L—液体黏度，$Pa \cdot s$

ρ_G—气体密度，kg/m^3

ρ_L—液体密度，kg/m^3

ρ_{GL}—鼓泡层密度，kg/m^3

σ_L—液体表面张力，N/m

σ_C—液体临界表面张力，N/m

τ—反应时间，s

ϕ—顶盖形状系数